프리스틀리가 들려주는 **산소와 이산화탄소** 이야기

프리스틀리가 들려주는 산소와 이산화탄소 이야기

ⓒ 양일호, 2011

초판 1쇄 발행일 | 2011년 2월 25일
초판 12쇄 발행일 | 2021년 5월 31일

지은이 | 양일호
펴낸이 | 정은영
펴낸곳 | (주)자음과모음

출판등록 | 2001년 11월 28일 제2001-000259호
주   소 | 04047 서울시 마포구 양화로6길 49
전   화 | 편집부 (02)324-2347, 경영지원부 (02)325-6047
팩   스 | 편집부 (02)324-2348, 경영지원부 (02)2648-1311
e-mail | jamoteen@jamobook.com

ISBN 978-89-544-2218-5 (44400)

프리스틀리가 들려주는

산소와 이산화탄소 이야기

| 양일호 지음 |

|주|자음과모음

프리스틀리를 꿈꾸는 청소년을 위한
'산소와 이산화탄소' 이야기

산소! 생명을 유지하기 위해서 반드시 필요한 기체입니다. 그러나 산소는 우리 눈에 보이지 않습니다. 이산화탄소를 비롯하여 대부분의 기체가 색깔이 없기 때문에 눈에 보이지 않습니다. 그리고 냄새도 없습니다. 그렇다면 과학이 발달하지 않았던 과거에는 눈에 보이지 않는 이러한 기체들을 어떻게 발견했을까요?

'기체 화학의 창시자'라고 불리는 영국의 과학자 프리스틀리는 꾸준한 실험과 연구 활동으로 공기의 의미를 알아냈습니다. 어려서 동생과 함께 유리병에 곤충을 넣고 밀봉한 후, 얼마나 오랫동안 곤충이 살 수 있는지 실험했던 프리스틀리는 성인이 되어 어렸을 적에 한 실험을 발전시켜서 산소를 발견하게 됩니다. "행운의 여신은 준비된 자에게 미소를 던지는 법"이라는 말을 증명한 것입니다.

프리스틀리는 목사이자, 교사이고, 산소를 발견한 과학자이면서, 탄산음료를 처음으로 만들어 낸 발명가입니다. 또한 그는 죽을 때까지 무려 150권의 책을 쓴 저술가이면서, 거침없이 자신의 의견을 밝혔던 정치사상가인 동시에 프랑스 혁명을 지지하고 시민과 종교의 자유를 주장한 진보주의자입니다. 이처럼 그를 수식하는 말은 수없이 많습니다. 그만큼 프리스틀리는 다재다능한 천재 과학자라는 것입니다.

프리스틀리는 산소를 비롯하여 10여 가지 기체를 발견하고, 광합성 과정에 대한 연구를 통해 지구 생명 순환의 밑그림을 그리고, 여러 가지 기체를 연구할 수 있는 장치를 개발하여 훗날 기체에 관해 연구할 수 있는 밑바탕을 이루었습니다.

그는 "왜 그럴까?"라는 의문과 호기심에서 출발하여, 해답을 찾는 실험 과정을 반복하면서 끊임없이 연구했습니다. 과학적 발견은 어느 한순간에 우연히 이루어지는 것이 아니라, 열정을 가지고 끊임없이 과학적으로 사고하고 탐구하는 과정에서 이루어진다는 것을 프리스틀리를 통해서 알 수 있을 것입니다.

양 일 호

차례

양초의 과학

양초가 타는 데 필요한 것은 무엇일까요?
그리고 양초가 탄다는 것은 무엇을 의미할까요?
이번 시간에는 양초의 연소에 대하여 알아봅시다.

1

첫 번째 수업

양초의 과학

**프리스틀리가 밝은 표정으로 촛불을
들고 첫 번째 수업을 시작했다.**

여러분, 안녕하세요? 나는 영국의 과학자 프리스틀리입니다. 앞으로 여섯 번의 수업을 통해 내가 발견한 여러 기체들에 관한 이야기를 들려주겠어요. 우선 이번 시간에는 양초의 연소 과정을 관찰하면서 물질이 연소하기 위해서 어떤 기체가 필요하고, 어떤 기체가 발생하는지 알아보겠습니다. 특히 '촛불'과 '연소'라는 말을 자주 언급하면서 설명할 테니 귀를 쫑긋 세우고 수업에 집중하세요.

여러분은 양초가 무엇으로 만들어졌는지 알고 있나요?

＿ 미끈미끈한 고체로 만들어졌어요.

그래요. 양초는 미끈미끈한 가연성(불에 잘 탈 수 있거나 타기 쉬운 성질) 고체인 파라핀을 원통 형태로 만들어 그 중심에 무명 심지를 넣은 것입니다. 파라핀(paraffin)은 '친화력이 빈약하다'는 뜻의 라틴 어에서 유래된 것으로, 다른 물질과의 반응성이 약하고 화학 약품에 대하여 내성이 있습니다.

파라핀은 일반적인 공기 온도에서는 고체 상태로 있으며, 47~65℃의 온도에서 액체로 변합니다. 파라핀은 탄소와 수소로만 구성되어 있는데, 특히 탄소 원자가 20~30개 정도로 구성되어 있습니다. 이러한 파라핀은 양초와 크레용의 원료, 전기의 절연 재료 등에 이용됩니다.

이제 고체의 양초가 어떻게 해서 불꽃을 내면서 타는지 알아보겠어요. 양초에 불을 붙이고 타는 과정을 잘 살펴보세요. 다음과 같은 사실을 관찰할 수 있을 것입니다.

> **∷ 관찰 사실**
>
> 1. 고체인 양초가 녹아 불꽃 아랫부분이 액체 상태로 변한다.
> 2. 심지는 타지 않는다.
> 3. 불꽃의 색이 부분에 따라 다르다.
> 4. 그을음이 생긴다.
> 5. 촛불을 끄면 흰 연기가 심지 주변에서 발생하여 위로 올라간다.

이와 같은 관찰 사실 말고도 많은 것을 관찰할 수 있지만, 먼저 이러한 현상이 왜 일어나는지 생각해 볼까요?

양초의 연소 과정에서 일어나는 물질의 상태 변화

> :: 관찰 사실
>
> 1. 고체인 양초가 녹아 불꽃 아랫부분이 액체 상태로 변한다.
> 2. 심지는 타지 않는다.

타고 있는 양초를 관찰해 보면, 고체인 양초가 녹아 액체로 변하는 것을 관찰할 수 있습니다. 파라핀은 고체나 액체 상태에서는 불이 쉽게 붙지 않습니다. 오로지 기체 상태에서만 불이 붙습니다.

양초의 심지에 성냥이나 점화기를 이용해서 불을 붙이면, 양초의 파라핀은 열을 받아 고체에서 액체로 상태가 변합니다. 이때 앞에서 설명한 것과 같이 대략 47~65℃의 온도가 필요합니다.

액체 상태의 파라핀은 심지를 타고 심지의 윗부분으로 이동합니다. 이는 모세관 현상(액체 물질에 폭이 좁고 긴 관을 넣

었을 때, 관 내부의 액체 표면이 외부의 액체 표면보다 높거나 낮아지는 현상) 때문입니다. 액체 상태의 촛농에 연필심을 가늘게 갈아서 뿌리면, 연필심 가루가 심지를 따라서 올라가는 것을 관찰할 수 있습니다.

심지를 타고 올라가는 액체 파라핀은 대략 70℃ 이상의 뜨거운 온도에서 발화됩니다. 이때 액체 파라핀은 기체 상태로 변하면서 불이 붙게 됩니다. 이와 같은 원리로 심지 주변에서 촛불이 타오르는 것입니다.

그렇다면 심지 아랫부분에 있는 액체 상태의 촛농에는 왜 불이 붙지 않는 것일까요? 이것은 녹은 액체 상태의 초가 밑으로 번져 오는 불길을 꺼 버리기 때문입니다. 타고 있는 양초를 거꾸로 하면 녹은 액체 상태의 초가 심지를 따라 흘러내

몇 가지 물질의 상태 변화

려 양초의 불이 꺼지는 것을 관찰할 수 있습니다. 이것은 불
꽃의 열이 액체 상태의 파라핀을 발화점 이상의 온도까지 올
려야 하는데, 흘러내리는 촛농을 가열하여 기체로 변화시킬
시간이 없기 때문입니다.

이와 같이 양초의 연소 과정을 보면 파라핀이 열을 얻어서
고체에서 액체로, 액체에서 기체로 상태가 변한다는 것을 알
수 있습니다. 이처럼 물질이 하나의 상태에서 다른 상태로
변하는 현상을 물질의 상태 변화라고 합니다. 초콜릿이나 아
이스크림을 손 위에 올려놓으면 액체가 되어 흘러내리고, 이
때 녹은 초콜릿과 아이스크림을 다시 냉장고에 넣어 두면 원
래의 딱딱한 상태로 돌아갑니다. 이러한 것도 '상태 변화'라
고 합니다.

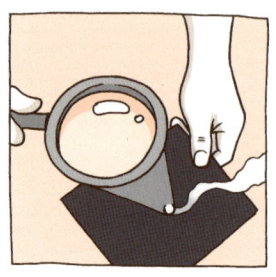

여러 가지 연소 현상

발화점

촛불을 관찰해 보면 빛과 열을 내고 있다는 것을 알 수 있습니다. 이와 같이 어떤 물질이 빛과 열을 내면서 타는 현상을 무엇이라고 하지요?

＿ 연소라고 해요.

맞아요. 그럼 물질이 연소하려면 무엇이 필요할까요?

＿ 먼저 탈 물질이 있어야 해요. 그리고 또 ⋯⋯.

탈 물질만 있으면 연소가 일어날까요? 연소가 일어나기 위해서는 불이 붙기 시작하는 발화점 이상의 온도도 있어야 합니다. 발화점이란 불꽃이 없어도 물질이 저절로 연소하기 시작하는 온도로 물질의 종류와 조건에 따라 다르답니다.

원시 시대에는 나무를 마찰시켜서 불을 피웠어요. 오늘날에도 조난을 당했을 때와 같이 불을 피울 마땅한 도구가 없는 경우에는 나무를 마찰시켜 불을 피우기도 한답니다. 이렇게 나무를 마찰시켜 불을 피우는 방법이 바로 발화점을 이용한 것입니다. 나무를 서로 세게 문지른 후에 만져 보면 마찰된 부분이 뜨거워진 것을 알 수 있습니다. 즉, 마찰에 의해서 열이 발생한 것이죠. 이렇게 나무를 마찰시켜서 발생하는 마찰열이 나무의 발화점(약 450℃)을 넘으면 저절로 타기 시작합니다.

가스레인지에 불을 붙일 때 스위치를 돌리거나 누르면 불꽃이 튀고 가스에 불이 붙는데, 이것도 발화점을 이용한 것입니다. 성냥은 나뭇개비 끝에 붉은인, 염소산칼륨 등의 발화제가 발라져 있고, 성냥갑은 마찰면에 유리 가루, 규조토 등의 마찰제가 발라져 있습니다. 이 두 가지를 서로 마찰시키면 불을 일으킬 수 있으므로 이들 또한 발화 도구입니다. 즉, 성냥의 머리 부분의 발화점이 나무 부분의 발화점보다 더 낮습니다. 그렇기 때문에 같은 시간 동안 같은 세기의 열을 가해도 성냥의 머리 부분이 더 빨리 불이 붙게 되는 것입니다. 발화점이 낮다는 것은 더 낮은 온도에서 불이 붙는다는 것을 뜻한답니다.

촛불 위에 종이를 가까이 가져가면 종이에 불이 붙을 것입니다. 그러나 종이컵에 물을 $\frac{1}{3}$쯤 붓고, 촛불로 가열해 보세요. 시간이 좀 걸리기는 하지만 종이를 태우지 않으면서 물을 끓일 수 있습니다. 종이의 발화점은 500℃ 정도인데, 촛불에 의해 전달되는 열이 물의 온도를 올리는 데 사용되어, 종이는 발화점에 도달되지 않기 때문에 종이컵으로도 물을 끓일 수 있는 것입니다. 이것은 초의 심지가 타지 않는 것과 같은 원리입니다.

양초가 연소하기 위해 필요한 기체는?
연소할 때 발생하는 기체는?

다음 그림과 같이 같은 크기의 양초를 두 개 준비하여 불을 붙인 뒤, 크기가 다른 집기병으로 동시에 덮으면 어떤 일이 일어날까요?

__ 작은 집기병의 촛불이 먼저 꺼져요.

왜 그럴까요?

__ 집기병 속에 들어 있는 공기의 양이 다르기 때문이에요.

__ 작은 집기병에는 큰 집기병보다 적은 양의 공기가 들어

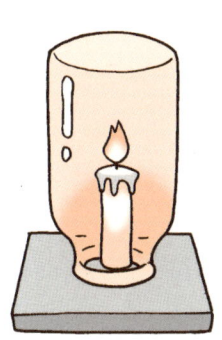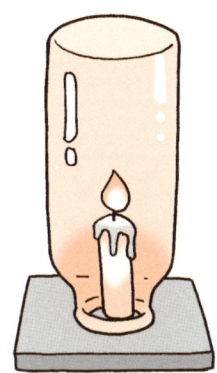

있어서 촛불이 일찍 꺼져요.

　모두 잘 대답했어요. 그럼 촛불이 꺼진 집기병 속에 다시 촛불을 넣으면 어떻게 될까요? 물론 촛불이 바로 꺼지겠죠! 집기병 안에 촛불을 태울 수 있는 공기가 없기 때문입니다.

　이젠 연소가 일어나기 위해서는 탈 물질과 발화점 이상의 온도만으로는 불충분하다는 것을 알겠죠? 연소가 일어나기 위해서는 바로 공기 중의 산소도 있어야 합니다.

　양초는 탄소와 수소로만 이루어진 파라핀으로 만들어졌다는 설명을 기억하고 있죠? 기체 상태의 파라핀은 연소 과정에서 주변의 산소와 결합하게 됩니다. 이때 파라핀 속에 들어 있는 탄소는 산소와 결합하여 이산화탄소를 만들고, 파라핀 속의 수소는 산소와 결합하여 물을 만듭니다. 즉, 연소 과

정에서 산소와 탈 물질이 결합하여 이산화탄소와 물을 만드는 것입니다.

연소 과정에서 이산화탄소와 물이 만들어진다는 것을 어떻게 알 수 있을까요? 타고 있는 양초를 집기병으로 덮은 후, 촛불이 꺼지면 집기병에 석회수를 넣어 보세요. 석회수가 뿌옇게 흐려지는 것을 관찰할 수 있습니다. 석회수는 이산화탄소와 만나면 뿌옇게 흐려지는 성질이 있는데, 이로써 이산화탄소가 생성되었다는 것을 알 수 있습니다.

그럼 양초가 연소한 후에 물이 만들어졌다는 것은 어떻게 알 수 있을까요? 타고 있는 양초를 집기병으로 덮은 후, 촛불이 꺼진 집기병 안을 관찰해 보면 집기병 안에 작은 물방울들이 김이 서린 것과 같이 맺혀 있는 것을 볼 수 있습니다. 이것

이 물인지 알기 위해서 푸른색 염화코발트 종이를 집기병 벽면에 대어 보면 붉은색으로 변하는 것을 관찰할 수 있습니다. 염화코발트는 물과 접촉하면 붉은색을 띱니다. 따라서 집기병의 벽면에 생긴 것이 물이라는 것을 알 수 있습니다.

불꽃의 온도와 모양

:: 관찰 사실

3. 불꽃의 색이 부분에 따라 다르다.

촛불을 관찰해 보면, 크게 겉불꽃, 속불꽃, 불꽃심의 세 부분으로 나눌 수 있습니다. 즉, 불꽃의 색이 다르다는 것을 알 수 있습니다. 왜 불꽃의 색이 다를까요?

촛불의 온도는 촛불의 심지에서 바깥쪽으로 갈수록 온도가 높아지는데, 불꽃심은 400~900℃, 속불꽃은 1,200℃, 겉불꽃은 1,400℃입니다. 촛불에 나무젓가락 중간쯤을 넣었다가 꺼내면 중간 부분은 덜 타고 바깥 부분이 많이 탄 걸 보아도 불꽃의 온도에 차이가 있다는 것을 알 수 있습니다. 즉, 불꽃의 온도는 겉불꽃＞속불꽃＞불꽃심 순으로 높으며, 밝기는

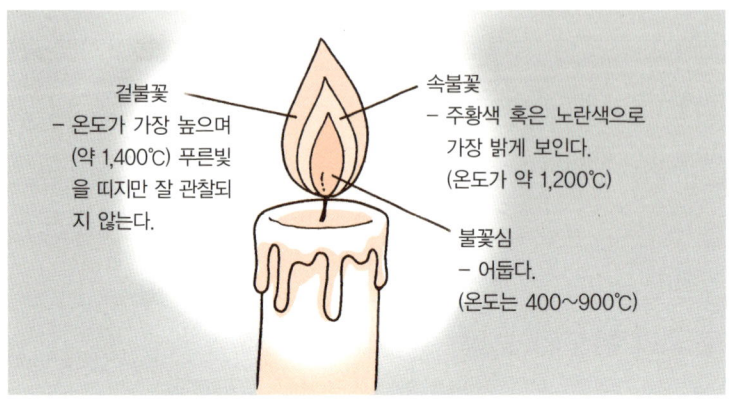

겉불꽃
– 온도가 가장 높으며 (약 1,400℃) 푸른빛을 띠지만 잘 관찰되지 않는다.

속불꽃
– 주황색 혹은 노란색으로 가장 밝게 보인다. (온도가 약 1,200℃)

불꽃심
– 어둡다. (온도는 400~900℃)

속불꽃 > 겉불꽃 > 불꽃심 순으로 밝습니다.

　이렇게 불꽃의 온도와 밝기에 차이가 있는 이유는 다음과 같습니다. 양초의 연소는 앞에서 설명한 바와 같이 파라핀 기체가 주위의 산소와 결합하여 빛과 열을 내며, 물과 이산화탄소가 발생하는 현상입니다. 이러한 연소가 일어날 때, 불꽃의 색은 연소하는 온도에 의해서 달라집니다. 겉불꽃이 속불꽃에 비해 주변에 있는 산소와 접할 수 있는 면적이 넓습니다. 따라서 주변의 산소와 접하는 면적이 넓으면 넓을수록 연소가 더 잘되겠죠? 즉, 겉불꽃이 속불꽃보다 연소가 잘 되어서 겉불꽃의 온도가 더 높아집니다.

　속불꽃이 가장 밝게 보이는 이유는 산소가 바깥쪽에서 연소 시 많이 소모되면서 심지 주변에까지 미처 도달하지 못해 연소되지 못한 파라핀의 탄소 알갱이가 가열되면서 빛을 내기 때문이랍니다.

촛불의 아랫부분을 잘 관찰해 보면 파란색으로 보입니다. 이는 중력으로 설명할 수 있습니다. 지구에는 중력이 있습니다. 따라서 따뜻한 공기는 가벼워서 위쪽으로 올라가고, 아래쪽 공간을 주변 공기가 메우면서 이동을 하게 됩니다. 이러한 현상을 '대류'라고 합니다. 즉, 공기의 대류는 중력이 있기에 발생하는 현상입니다.

물에서도 마찬가지로 온도가 높은 물은 위로 올라가고, 온도가 낮은 물은 아래쪽으로 이동하는 순환이 일어나는데 이것도 대류 현상입니다. 촛불의 아랫부분은 대류에 의해 아래쪽에서 위쪽으로 이동하는 공기가 처음 불꽃에 접하는 부분입니다. 따라서 이곳에서는 산소가 잘 공급되므로 완전 연소가 일어나서 파란 불꽃이 됩니다. 또한 이곳에서 불꽃은 많은 열을 발생하여 불꽃 아랫부분의 고체인 파라핀을 액체로 변하게 합니다.

촛불의 윗부분이 주황색인 이유는 아래쪽에서 이미 한 번 연소한 공기가 지나가기 때문에 위쪽에는 연소에 필요한 산소가 충분하지 않습니다. 따라서 기체로 변한 파라핀 속의 탄소 원자가 모두 이산화탄소가 되지 못하고 불완전 연소하

여 주황색 불꽃으로 빛나게 되는 것입니다.

왜 촛불 모양은 둥근 모양이 아닐까요? 이 또한 중력으로 설명할 수 있습니다. 촛불에 의해서 뜨거워진 공기는 팽창하면서 위쪽으로 상승하게 됩니다. 이러한 공기의 흐름을 따라서 불꽃이 위쪽으로 길게 늘어납니다.

촛불의 위와 아래의 색깔이 다른 이유와 모양이 둥글지 않은 이유가 지구의 중력에 의한 대류 현상 때문이라는 것을 알았죠?

— 네!

— 선생님, 그렇다면 중력이 없는 곳에서 촛불을 켜면 촛불은 둥근 모양이 되나요?

그렇답니다. 실제로 과학자들은 지구 밖에 있는 우주선에서 실험을 해 보았습니다. 우주선 안은 거의 무중력 상태이기 때문입니다. 과학자들이 무중력 상태에서 촛불을 켜니까 축구공과 같이 구형의 불꽃을 보였습니다.

즉, 뜨거운 공기는 위로 올라가고 이때 빈 공간을 다른 곳의 공기가 메우는 대류 현상은 지구의 중력 때문에 생기는데, 무중력 상태에서는 대류 현상이 일어나지 않으므로 촛불의 모양이 구형이 된 것입니다. 물론 대류 현상이 없으니, 주변에서 산소를 공급받지 못해서 얼마 후 촛불은 바로 꺼졌답니다.

과학자의 비밀노트

무중력이란?

지구 위에 있는 물체는 중력을 받아 지구 중심 방향으로 움직인다. 그러나 지구 밖에 있는 우주선이나 자유 낙하하는 물체는 상대적으로 중력을 느끼지 못하여 마치 중력이 없는 것처럼 느끼는데, 이러한 현상을 무중력 상태라고 한다. 일반적으로 중력이 없어진 상태를 무중력 상태로 생각하는 경우가 많은데, 이러한 생각은 잘못된 것이다.

그을음과 흰 연기

:: 관찰 사실

4. 그을음이 생긴다.
5. 촛불을 끄면 흰 연기가 심지 주변에서 발생하여 위로 올라간다.

타고 있는 양초를 집기병으로 덮으면, 덮은 집기병의 위쪽에는 검은색의 그을음이 생깁니다. 또한 촛불이 꺼진 직후, 심지에서는 흰 연기가 발생하며 위로 올라가는 것을 관찰할 수 있습니다. 그렇다면 검은색 그을음과 흰 연기는 왜 생길까요?

먼저 흰 연기부터 설명하겠습니다. 양초의 연소 과정에 대해 다시 한 번 생각해 볼까요? 고체의 파라핀이 열에 의해 액체로 변하고, 액체의 파라핀은 모세관 현상 때문에 심지에 빨려 올라가게 됩니다. 심지로 간 액체 파라핀은 열에 의해 기체로 변하고, 기체 상태의 파라핀이 공기 중의 산소와 만나서 연소하는 과정에서 이산화탄소와 물이 만들어집니다.

__ 선생님, 파라핀이 기체 상태로 변하면 눈에 보이지 않는데, 기체 상태의 파라핀이 연소한다는 것을 어떻게 알 수 있나요?

좋은 질문이에요. 심지 근처에 가는 유리관을 가까이 하면 유리관을 통해서 흰 연기가 나오는 것을 볼 수 있습니다. 이 흰 연기에 불을 붙이면 촛불과 같이 잘 타는 것을 관찰할 수 있답니다. 심지에서 기체로 변한 파라핀이 유리관을 통해서 흘러나온 것이죠.

촛불이 꺼지고 난 직후에 심지 주변에서 나오는 흰 연기는 무엇일까요? 앞에서 실험한 유리관에서 나오는 흰 연기와 같습니다. 즉, 파라핀인 것이죠. 원래 기체 상태의 파라핀은 색이 없어서 눈에 보이지 않습니다. 뜨거운 기체 상태의 파라핀이 불꽃을 벗어나면 주변 공기에 열을 빼앗겨 식게 됩니다. 즉, 심지의 불이 꺼지면 미처 타지 못했던 기체 상태의

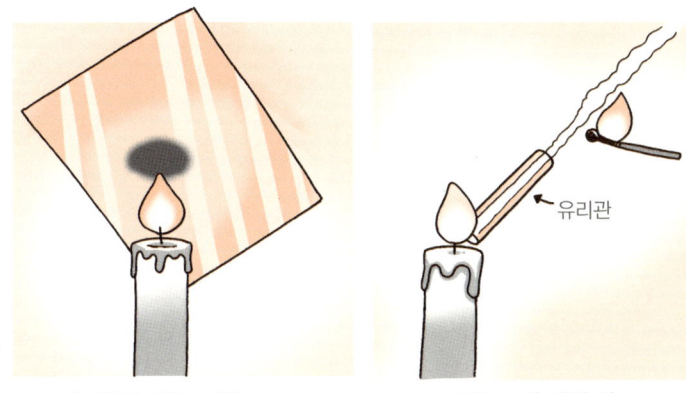

유리판에 생긴 그을음　　　　　　　　불꽃 속의 기체 연소

파라핀과 심지에 남아 있는 열에 의해 짧은 시간 동안이나마 액체 파라핀에서 기체 파라핀으로 상태 변화한 것이 공기 중으로 올라가게 됩니다. 공기 중으로 올라가면서 열을 빼앗긴 기체 파라핀은 액체로 변하면서 흰색으로 보이게 되는 것입니다. 마치 끓고 있는 주전자에서 나오는 수증기는 눈에 보이지 않지만, 수증기가 주전자에서 조금 떨어진 곳에서 액체 상태로 변하면서 하얀 김으로 보이는 것과 마찬가지 원리입니다.

이번에는 그을음의 정체에 대해서 알아봅시다. 불꽃의 색깔이 부분적으로 다른 이유는 파라핀이 연소하는 과정에서 산소의 공급에 따라 달라진다고 했던 것을 기억하죠? 파라핀은 탄소와 수소로 이루어졌는데, 연소 과정에서 탄소가 충분

한 양의 산소와 결합하여 완전 연소가 이루어지면 이산화탄소를 만들게 됩니다.

그런데 일시적으로 산소 공급이 원활하게 이루어지지 못한다면 어떻게 될까요? 파라핀 속의 탄소만 공기 중으로 올라가게 됩니다. 즉, 그을음은 완전하게 연소하지 못한 파라핀에서 나온 탄소랍니다. 바로 석탄이나 흑연과 같은 물질이지요.

__ 아하! 그을음, 석탄, 흑연이 모두 검은색인 이유는 바로 탄소 때문이군요?

그렇습니다. 여러분은 하나를 가르쳐 주면 열을 아는 영특한 학생들이로군요.

이번 시간에는 양초가 연소하기 위해서 산소 기체가 필요하고, 연소 과정에서 이산화탄소 기체가 발생한다는 것을 배웠어요. 다음 시간에는 여러분이 좋아하는 탄산음료에 대해서 알아봅시다.

이 초가 타려면 무엇이 필요할까요?

에이, 선생님도 뭘 그런 간단한 걸 물어보세요. 라이터나 성냥만 있으면 되죠.

하하. 맞는 말이군요. 하지만 난 연소가 일어나기 위해 필요한 요소를 물어본 거예요.

그렇다면 우선 양초와 같은 탈 물질이 있어야 해요.

무명 심지

파라핀

양초에 불을 붙이면 파라핀이 열을 받아 액체로 변해 심지를 타고 이동해요. 그리고 약 70℃ 이상의 온도에서 기체로 변하면서 불이 붙게 되죠.

아, 그럼 연소가 일어나기 위해서는 불이 붙기 시작하는 이상의 온도도 있어야겠네요.

맞아요. 불이 붙기 시작하는 온도를 발화점이라고 하죠. 이번엔 양초를 집기병으로 덮어 봅시다.

불이 꺼지네요. 그런데 왜 꺼지는 거죠?

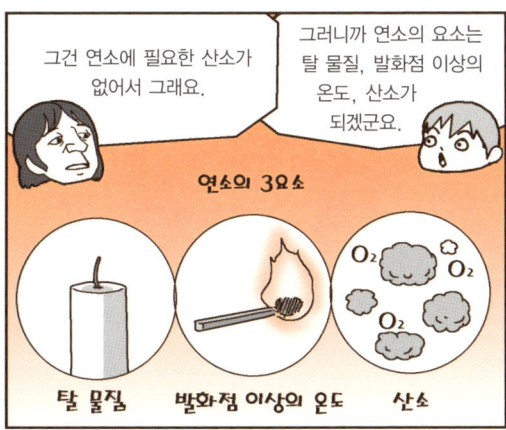

그건 연소에 필요한 산소가 없어서 그래요.

그러니까 연소의 요소는 탈 물질, 발화점 이상의 온도, 산소가 되겠군요.

연소의 3요소

O_2
O_2
O_2

탈 물질
발화점 이상의 온도
산소

그렇지요. 이 집기병에 석회수를 넣으면 뿌옇게 흐려지는데 이로써 이산화탄소가 만들어졌음을 알 수 있고, 푸른색 염화코발트 종이를 병 안에 대 보면 붉은색으로 변하는데 이는 물이 생성되었기 때문이죠.

아, 연소 과정에서 산소와 탈 물질이 결합해 이산화탄소와 물을 만드는군요.

탄소   수소

탄소 + 산소 = 이산화탄소

수소 + 산소 = 물

두 번째 수업 2

탄산음료의 발명

프리스틀리가 탄산음료를 어떻게 발명했는지 알아봅시다.

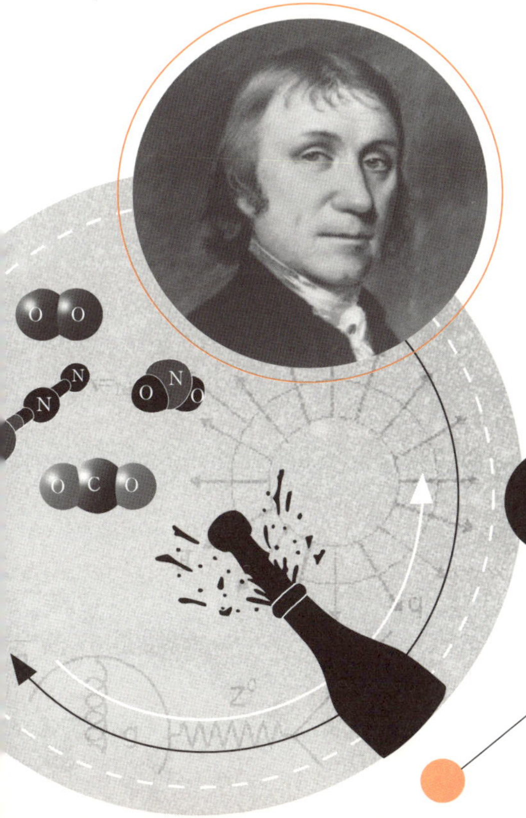

2

두 번째 수업

탄산음료의 발명

프리스틀리가 사이다를 손에 들고
두 번째 수업을 시작했다.

여러분은 어떤 탄산음료를 좋아하나요?

＿ 전 선생님께서 손에 들고 계시는 사이다를 좋아해요.

＿ 전 콜라요.

그렇군요. 여러분이 좋아하는 탄산음료는 내가 발명했답니다. 각각의 탄산음료는 그 속에 들어 있는 향료와 감미료 등의 성분이 다르기 때문에 색깔과 맛이 다릅니다.

하지만 모든 탄산음료는 공통적으로 톡 쏘는 맛이 납니다. 그리고 사이다 또는 콜라와 같은 탄산음료의 병뚜껑을 따면 거품과 함께 어떤 기체가 나오는 것을 볼 수 있습니다. 이와

같은 현상은 탄산음료의 어떤 공통 성분 때문일까요?

　__ 음……, 탄산음료이니까 탄산가스가 공통적으로 들어 있을 것 같아요.

　맞아요. 모든 탄산음료에는 탄산가스, 즉 이산화탄소 기체가 들어 있어서 탄산음료는 톡 쏘는 맛이 나고 거품과 기포가 발생하는 것입니다. 하지만 내가 살던 18세기 중반에는 어느 누구도 '탄산가스' 라는 것을 아는 사람이 없었습니다. 나 역시 탄산가스를 몰랐지만, 탄산음료를 만들어 냈답니다. 그럼 지금부터 내가 어떻게 탄산음료를 발명했는지 이야기할 테니 잘 들어보세요.

　내가 영국의 리즈라는 도시의 밀힐 교회의 목사로 부임했을 때의 일입니다. 우리 집 근처에는 맥주를 만드는 공장이 있었습니다. 나는 가끔 맥주 공장에 들렀는데, 거기에서 매우 흥미로운 것을 보았습니다. 맥주는 보리에 홉과 효모(하나의 세포로 이루어진 미생물로, 곡류나 과일을 알코올과 이산화탄소로 변화시킴. 맥주, 청주 등의 술의 제조와 빵의 제조 등에 많이 이용됨)를 섞어 큰 나무통에 넣어 만드는데, 효모가 액체를 발효시키면 거품이 나오는 것이었습니다. 이 거품 속의 기체는 공기보다 훨씬 무거우므로 대부분은 맥주통 속에 머물고 액체 위에 층을 이루고 있었습니다.

맥주통에서 나오는 거품 속에 양초를 가까이 하면 촛불이 꺼졌습니다. 나는 이러한 관찰을 통해 맥주통에서 나오는 기체가 유독한 공기라고 생각했습니다. 이 '유독한 공기'가 바로 오늘날 '이산화탄소'라고 불리는 기체랍니다.

나는 유독한 공기가 물에 잘 녹는지 궁금하여 다음과 같은 실험을 했습니다. 먼저 두 개의 컵을 준비하여 한쪽에는 물을 가득 채우고 또 다른 한쪽은 비워 두었습니다. 빈 컵을 발효 중인 맥주통 속의 액체의 표면에 될 수 있는 한 가까이에서 들고 있고, 물이 든 컵은 액체의 표면에서 30cm 정도의 높이로 들고서 물을 빈 컵에 떨어뜨립니다. 물은 유독한 공기층을 통과하면서 떨어지게 됩니다. 다음에는 컵의 위치를 반대로 해서 유독한 공기층을 통과한 물을 먼저와 같이 또 유독한 공기층을 통과시키면서 아래쪽 빈 컵에 받습니다.

이러한 과정을 몇 번 되풀이했더니 약 2~3분 사이에 거품이 생기는 매우 상쾌한 물을 컵에 가득 채울 수 있었습니다. 물의 맛을 보았더니 값비싼 피어몬트수와 거의 구별되지 않았습니다.

당시 유럽에서는 피어몬트 지방에서 나는 지하수 중에서 톡 쏘는 맛의 피어몬트수가 매우 인기 있었으며, 아주 비싼 값에 팔리고 있었습니다.

수상치환 장치 발명

　나는 맥주통에서 나오는 유독한 공기를 병에 모아 집으로 가져와서 여러 실험을 했습니다. 그런데 유독한 공기는 눈에 보이지 않기 때문에 실험을 통해서 병에 이 기체를 모았을 때 얼마만큼 모았는지 알 수 없었습니다.

　그래서 '어떻게 하면 쉽게 유독한 공기를 모으고, 얼마나 모았는지 알 수 있을까?'를 고민했습니다. 이때 다음과 같은 방법을 생각해 냈습니다.

　먼저 욕조에 물을 어느 정도 채웁니다. 그리고 병 속에 물을 가득 채워 병의 입구가 욕조의 바닥을 향하도록 뒤집어 놓습니다. 그리고 맥주통에서 나오는 유독한 공기를 고무관에 연결하여 물이 가득 들어 있는 병 속으로 고무관 끝을 넣습니다. 맥주통에서 발생한 유독한 공기가 고무관을 따라 물이 든 병 속으로 들어가면 유독한 공기는 물보다 가볍기 때문에 병 속에 든 물을 밀어냅니다. 따라서 병 속에서 물이 빠져나가는 만큼 유독한 공기가 모아졌다는 것을 눈으로 쉽게 확인할 수 있습니다.

　이것이 오늘날 기체를 모을 때 사용하는 장치 중의 하나인

수상치환 장치이며, 이러한 방법을 내가 처음으로 고안했습니다.

하지만 공장과 집을 오가면서 실험을 하니까 불편한 점이 많았습니다. 이 유독한 공기를 집에서 만들 수 있다면 편할 것이라고 생각했습니다.

그때 스코틀랜드의 화학자 블랙(Joseph Black, 1728~1799)이 석회석을 가열하여 유독한 공기를 만들어 냈다는 논문을 읽은 기억이 났습니다. 그래서 나는 블랙이 한 실험 방법을 참고하여 실험을 해 보았습니다.

특히 분필(석회석)을 물에 넣고 끓일 때 '바다의 산(오늘날의 염산)'을 추가하면 매우 좋은 실험 결과를 얻을 수 있다는 사실을 알아냈습니다.

여기에서 그치지 않고 나는 다른 방식으로 유독한 공기를 발생시켜 모을 수 있는 장치를 개발했습니다. 그것은 바로 유리병 속에 공기를 모아 여러 물질들을 태우면서 발생하는 기체를 모으는 장치입니다.

물질이 탈 때에도 유독한 공기가 발생한다는 것을 알아낸 나는 밀폐된 유리병 안에 있는 물질을 태우기 위해서 필요한 햇빛을 충분히 모아 줄 볼록 렌즈와 수상치환 장치를 결합해 기체를 모으는 장치를 만든 것입니다.

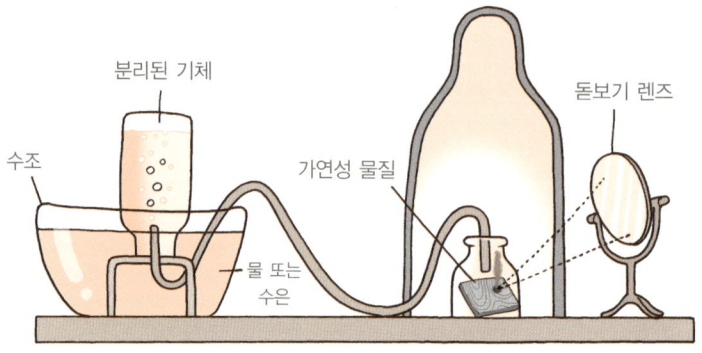

분리된 기체

수조

돋보기 렌즈

가연성 물질

물 또는 수은

프리스틀리가 개발한 기체를 모으는 장치

나는 이 장치를 이용하여 밀폐된 유리병 안에 여러 물질들을 넣고 볼록 렌즈로 빛을 모아 물질을 태우는 실험을 반복했습니다.

이렇게 하여 나는 수상치환 장치로 유독한 공기를 모으고, 이것을 물에 녹여 피어몬트수와 같은 물을 만드는 방법을 영국 왕립학회에서 발표했습니다. 왕립학회 회원들은 모두 매우 놀라워했습니다.

당시 영국 해군들이 괴혈병에 시달렸는데, 나는 내가 만든 피어몬트수를 괴혈병의 치료약으로 사용해 보길 권하기도 했습니다. 물론 나중에 괴혈병의 원인이 밝혀지면서 내가 만든 피어몬트수가 치료약으로 효과가 없다는 것이 밝혀졌습니다.

'유독한 공기'는 이산화탄소

사실 유독한 공기는 블랙이 나보다 먼저 발견했습니다. 블랙은 공기가 '유독한 공기와 모든 동물들이 숨을 쉬는 데 필요한 일반 공기가 섞여 있는 혼합물'이라고 처음으로 제시한 과학자입니다.

당시에는 그리스 시대 이후부터 굳게 믿어 왔던 4원소설을 토대로 이 세상은 4가지 원소인 공기, 물, 불, 흙으로 구성되어 있다고 사람들은 생각했습니다. 즉, 공기는 단 하나의 원소로만 이루어졌다고 생각했어요.

따라서 어느 누구도 공기가 질소, 산소, 이산화탄소 등 여러 가지 성분으로 되어 있는 용액이라는 사실을 알지 못했던

시대에 블랙의 주장은 엄청난 파장을 불러일으켰습니다. 용액에 대해서는 뒤에서 더 자세하게 이야기하기로 하고, 블랙이 어떻게 유독한 공기를 발견했는지부터 설명하겠습니다.

내가 유독한 공기를 발견하기 10년 전인 1752년에 블랙은 석회석을 가열할 때 어떤 기체가 발생하는 것을 관찰하고선, 그 기체에 고정된 공기라는 이름을 붙여 주었습니다. 일반적으로 보통 공기와 달리, 이 기체는 고체(석회석) 속에 고정되어 있다가 분리된 것으로 생각했기 때문이었습니다.

그 후, 이 '고정된 공기'를 가지고 실험을 하던 과학자 중에 고정된 공기 속에 쥐를 넣어 두었을 때 쥐가 바로 죽는 것을 관찰한 과학자가 있었습니다. 이 과학자는 쥐를 죽게 한 공기이므로 이를 '유독한 공기'라고 불렀습니다.

따라서 '유독한 공기', '고정된 공기'는 같은 의미의 말이며, 오늘날에는 '이산화탄소'라고 부릅니다.

이산화탄소는 탄소나 탄소가 들어 있는 화합물이 완전 연소하거나 생물이 호흡 또는 발효할 때 생기는 기체로, 일반적으로는 탄산가스라 하고 화학식은 CO_2입니다.

이산화탄소는 색이 없고, 냄새도 없습니다. 무게는 공기보다 약 1.5배 무거우며, $-78.50 \degree C$보다 낮으면 고체 상태로 변하고, $-78.50 \degree C$에서는 고체에서 기체로 변하는 승화 현상을

드라이아이스

드라이아이스가 기체로 변하면서 부피가 커졌어!

보입니다.

고체의 이산화탄소는 '드라이아이스'라고 부르는데, 냉동 보관을 할 때 주로 많이 이용합니다.

이산화탄소를 녹인 물을 '탄산수' 또는 '소다수'라고 합니다. 물에 녹아 있는 이산화탄소는 뛰어난 3차 신경(안면과 혀 신경을 말함) 자극제이기 때문에 온갖 신경들과 혀를 이루는 다양한 부드러운 조직을 공격하여 움찔하게 하는 자극과 통증을 유발시킵니다.

이러한 톡톡 쏘는 자극은 침의 분비를 활성화시키며, 거기에 따끔따끔하는 감각이 무수하게 더해집니다. 이것이 바로 사람들이 상쾌하다고 말하는 상태입니다. 소다수의 성분은 수분과 이산화탄소만으로 이루어졌으므로 영양가는 없습니다.

용액

우리는 일상생활에서 '용액'이란 말을 많이 듣습니다. 용액이란 두 가지 이상의 순수한 물질이 균일하게 섞여 있는 균일 혼합물을 나타내는 말입니다. 이때 서로 섞이는 물질의 상태는 상관이 없습니다. 즉, 서로 섞이는 물질은 각각 고체나 액체나 기체일 수 있으며, 서로 섞이고 난 후의 상태도 고체나 액체나 기체일 수 있습니다.

예를 들어 공기는 질소와 산소, 그리고 여러 가지 기체가 균일하게 섞여 있는 혼합물이므로 용액이라고 할 수 있습니다. 또한 금과 은을 섞어 만든 합금의 경우도 각 금속의 성분이 어느 부분이나 일정한 혼합물이므로 용액이라고 할 수 있

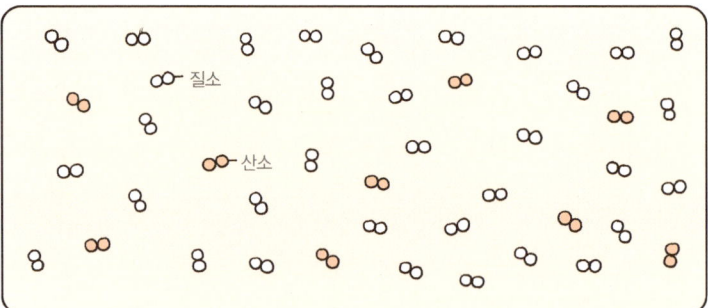

공기 : 질소 78%, 산소 21%, 기타 1%로 된 균일 혼합물

습니다.

흔히 용액에서 녹아 들어가는 물질을 용질, 녹이는 물질을 용매라고 하지만 엄격히 구별할 수 있는 것은 아닙니다. 액체-고체, 액체-기체 용액의 경우에는 흔히 액체가 용매가 되고, 기체나 고체가 용질이 됩니다. 액체-액체, 기체-기체 용액의 경우에는 양이 많은 쪽을 용매, 양이 적은 쪽을 용질이라고 부릅니다.

기체의 용해에 미치는 온도의 영향

소금이 물에 녹듯이 어떤 물질이 다른 물질에 녹아 들어가는 현상을 용해라고 합니다. 따라서 이산화탄소가 물에 녹는 것도 용해라고 합니다. 그렇다면 모든 기체는 물에 잘 녹을까요?

고체의 경우, 종류에 따라 물에 잘 녹는 것도 있고 잘 녹지 않는 것도 있는 것처럼 기체 역시 종류에 따라 물에 녹는 정도가 다릅니다. 암모니아와 염화수소 같은 기체는 물에 대단히 잘 녹아서 20℃, 1기압 상태에서 물 100g에 암모니아 기체는 53.3g이 녹고, 염화수소 기체는 72.1g이 녹습니다. 실

험실에서 흔히 사용하는 대표적인 산성 물질인 염산은 바로 이 염화수소 기체를 물에 녹인 것으로, 시판되는 염산의 농도는 약 35%입니다.

그러나 대부분의 기체는 물에 거의 녹지 않습니다. 이산화탄소의 경우 20℃, 1기압 상태에서 물 100g에 0.173g이 녹아, 암모니아나 염화수소에 비해 조금밖에 녹지 않지만 산소나 수소에 비하면 그래도 잘 녹는 편입니다. 산소는 20℃, 1기압 상태에서 물 100g에 0.004g이 녹으므로 물에 거의 녹지 않는다고 할 수 있습니다. 그러나 이 정도라도 산소가 물에 녹기 때문에 수중 생물들이 산소를 이용하여 호흡을 하며 살아갈 수 있는 것입니다.

일반적으로 고체와 액체는 가열하면 물에 더 잘 녹습니다. 그러나 기체는 온도가 높을수록 오히려 녹지 않습니다. 예를 들어, 차가운 지하수나 계곡물을 그릇에 담아 공기 중에 두면 물속에서 작은 기포들이 생기는 것을 볼 수 있습니다. 이것은 물속에 녹아 있던 기체들이 물의 온도가 올라가면서 용해도가 감소하여 물 밖으로 튀어나오는 것입니다. 즉, 물의 온도가 낮아야 기체를 더 많이 녹일 수 있는 것입니다.

이러한 현상은 수돗물을 가열하면 끓기 전에 조그만 기포가 용기의 벽에 생기기 시작하는 것과 같습니다. 또 냉각된

사이다

이산화탄소 기포

탄산음료와 냉각되지 않은 탄산음료의 병마개를 동시에 따면, 냉각되지 않은 탄산음료에서 거품이 훨씬 더 많이 생기는 것을 볼 수 있습니다.

그렇다면 고체나 액체와 달리 기체는 왜 온도가 높을수록 물에 잘 녹지 않는 것일까요? 이것은 물질의 상태에 따라 입자들이 지니고 있는 운동 에너지가 다르기 때문입니다. 물질을 이루고 있는 각 분자들은 고유한 운동을 하고 있으며, 온도에 따라서 운동 에너지의 크기도 달라집니다. 이러한 분자 운동은 기체가 가장 활발하며, 고체가 가장 낮은 분자 운동 에너지를 지니고 있습니다.

따라서 고체는 액체보다 분자 운동이 느리지만 온도를 높이면 고체의 분자 운동이 활발하게 되어 액체 속에 고루 잘 섞이게 됩니다. 즉, 온도가 올라가면 고체의 용해도는 증가

하게 되는 것입니다. 반면에 기체 분자의 운동은 매우 활발하기 때문에 기체를 액체에 녹이기 위해서는 기체의 분자 운동이 액체의 분자 운동과 비슷한 수준이 되어야 합니다. 즉 온도를 낮추어야 기체 분자의 운동 속도가 액체 분자의 운동 속도와 비슷하게 되어, 기체가 액체에 잘 녹게 됩니다.

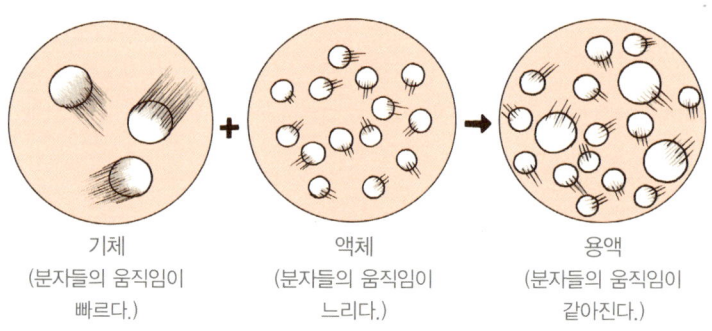

기체
(분자들의 움직임이
빠르다.)

액체
(분자들의 움직임이
느리다.)

용액
(분자들의 움직임이
같아진다.)

과학자의 비밀노트

용해도란?

용해도는 용질이 용매에 포화 상태까지 녹을 수 있는 한도를 말한다. 일반적으로 용매 100g당 녹을 수 있는 용질의 양(g)을 의미한다. 용해도는 온도, 용매와 용질의 종류 등에 영향을 받는다. 온도가 높아질수록 고체의 용해도는 보통 증가하고, 기체의 용해도는 감소한다.

기체의 용해에 미치는 압력의 영향

일반적으로 상온 조건에서 이산화탄소는 물에 녹는 양이 적은데, 탄산음료에는 많은 양의 이산화탄소가 녹아 있습니다. 어떻게 하면 많은 양의 이산화탄소를 물에 녹일 수 있을까요?

이러한 물음에 답을 하기 위해서는 먼저 기체의 용해도와 압력의 관계에 대해서 알아야 합니다.

기체의 용해도는 압력이 높을수록 증가합니다. 따라서 이산화탄소를 물에 많이 녹이려면, 압력을 높게 해야 합니다. 물론 앞에서 설명한 것과 같이 온도는 낮게 해야 합니다.

일반적으로 탄산음료는 이산화탄소 기체를 높은 압력 상태에서 물에 녹여서 만듭니다. 그리고 이산화탄소 기체가 밖으로 나가지 않게 병마개를 단단히 막습니다. 그러므로 병 속의 압력은 일반적인 대기압보다 높습니다. 그러나 탄산음료의 병마개를 따면 병 속의 압력이 대기압과 같게 됩니다. 즉, 병 속의 압력이 병마개를 열면서 낮아지게 됩니다.

기체는 압력이 높을수록 용해도가 높아지고, 압력이 낮아지면 용해도가 감소하게 됩니다. 따라서 병마개를 열면 탄산음료 속에 녹아 있던 이산화탄소 기체가 밖으로 튀어나오게

됩니다. 이것이 탄산음료나 샴페인을 딸 때 생기는 거품의 정체인 것입니다.

여러분은 파티나 축하하는 자리에서 샴페인을 심하게 흔들다가 병뚜껑을 따면 하얀 거품이 격렬하게 나오는 것을 본 적이 있을 것입니다. 이러한 현상은 왜 일어날까요?

샴페인이나 탄산음료를 흔들면 액체 속에 녹아 있던 이산화탄소 기체 분자의 운동 에너지가 증가하게 됩니다. 큰 운동 에너지를 가진 이산화탄소 기체 분자는 액체 분자들 사이에서 쉽게 튀어나올 수 있습니다. 따라서 탄산음료나 샴페인을 흔들어 주면 기체의 용해도는 더욱 감소하게 되어 거품이 심하게 나오는 것입니다.

물속의 이산화탄소가 만드는 석회 동굴

공기 속에 있는 이산화탄소는 적은 양이지만 물에 녹습니다. 이렇게 물에 이산화탄소가 녹으면, 그 물은 산성의 성질을 띱니다. 일반적으로 물은 중성(pH7)입니다. 그러나 빗물은 약한 산성을 띠는데, 이것은 공기 중에 있던 이산화탄소가 빗물에 녹아서 생기는 현상입니다. 공기 중의 이산화탄소 농도는 매우 낮기 때문에 대기가 오염되지 않은 곳에서의 빗물의 pH는 5.6 이하로 낮아지지 않습니다. 따라서 pH5.6 이상의 비는 산성비가 아닙니다.

앞에서 내가 이산화탄소 기체를 발생시키는 방법을 설명했는데, 기억하고 있나요?

__ 네, 분필을 물에 넣고 끓일 때 염산을 넣어 주면 이산화탄소 기체를 많이 발생시킬 수 있다고 하셨어요.

잘 기억하고 있군요. 분필이나 조개껍데기, 석회암 등은 모두 '탄산칼슘'이라는 성분으로 이루어져 있습니다. 이 탄산칼슘은 염산과 같은 산성 물질을 만나면 탄산수소칼슘으로 변합니다.

이산화탄소가 물에 녹으면 그 물은 산성의 성질을 띤다고

했는데, 만일 이산화탄소가 녹아 있는 지하수가 석회암을 만나면 어떻게 될까요?

＿ 석회암을 녹일 거예요.

맞아요. 이처럼 이산화탄소가 녹아 있는 지하수가 석회암을 녹여서 생긴 동굴이 석회 동굴입니다. 즉, 석회암의 주성분인 탄산칼슘은 이산화탄소가 녹아 있는 물에 녹아 탄산수소칼슘으로 변합니다. 그리고 탄산수소칼슘에서 다시 이산화탄소와 물이 빠져 나가 석회암 성분이 침전되어 종유석(석회 동굴의 천장에 고드름 모양으로 매달린 것), 석순(석회 동굴의 바닥에 죽순처럼 돋아난 것), 석주(종유석과 석순이 자라 맞붙어서 기둥 모양을 이룬 것) 등이 만들어집니다.

$$\text{석회암 + 물 + 이산화탄소} \underset{\text{종유석, 석순, 석주}}{\overset{\text{석회 동굴}}{\longleftrightarrow}} \text{탄산수소칼슘}$$

그럼 석회 동굴이 만들어지는 과정을 보다 자세히 알아볼까요?

여러분은 충청북도 초정리에 있는 광천수를 알고 있나요? 세계 3대 광천수의 하나로 꼽히는 초정리 광천수는 예로부터 약이 되고 병을 낫게 한다고 알려졌는데, 이것은 조선 시대에 세종대왕이 그곳에서 요양하면서 더욱 널리 알려지게 되었습니다. 이 물에는 특히 이산화탄소가 많이 녹아 있습니다.

어떻게 지하수에 이산화탄소가 녹을 수 있을까요? 물이 지하로 스며들기 전에 공기 중의 이산화탄소와 만나, 이산화탄소가 물에 녹을 수 있습니다. 또한 땅속의 동·식물의 유해가 썩을 때에도 이산화탄소가 발생하는데, 이곳을 지하수가 지나가면서 이산화탄소가 녹아들게 됩니다.

즉, 물이 지하로 스며들면서 이산화탄소를 녹이고 이산화탄소를 함유한 물이 석회암을 서서히 녹이면서 밑으로 통로를 확대합니다. 이렇게 스며들어 간 물은 그 지역의 강이나 호수의 수면 높이와 비슷한 위치에 다다르면 더 이상 밑으로 내려가지 않고 옆으로 흘러 석회암을 녹입니다. 이때 물의 양이 증가하면 그만큼 폭이 넓은 동굴이 만들어지게 됩니다.

또한 외부의 침식 작용으로 지하수면이 낮아지게 되면, 물이 급격히 아래로 흘러내려가면서 동굴의 아랫부분을 녹이게 됩니다. 그러면 동굴의 바닥이 아래로 내려가면서 점점 더 커다란 동굴이 형성되는 것이지요. 이러한 과정은 수억 년의 시간이라는 오랜 기간 동안 서서히 일어나게 됩니다.

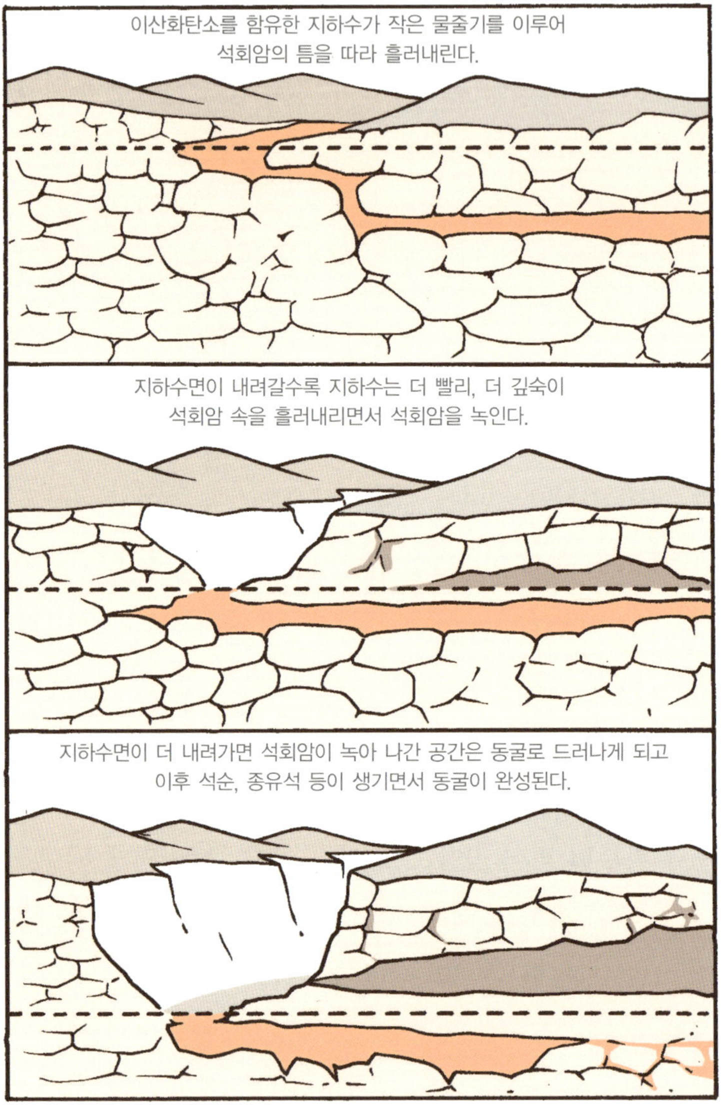

이산화탄소를 함유한 지하수가 작은 물줄기를 이루어
석회암의 틈을 따라 흘러내린다.

지하수면이 내려갈수록 지하수는 더 빨리, 더 깊숙이
석회암 속을 흘러내리면서 석회암을 녹인다.

지하수면이 더 내려가면 석회암이 녹아 나간 공간은 동굴로 드러나게 되고
이후 석순, 종유석 등이 생기면서 동굴이 완성된다.

석회 동굴의 생성 과정

탄산음료는 정말 맛있어요. 어떻게 이런 톡 쏘는 맛이 날까요?

이산화탄소가 그런 맛을 나게 하는 거예요. 사실 이 탄산음료는 내가 발명했답니다.

네? 정말이요?

네. 처음 맥주통에서 이 기체를 발견했지만 이산화탄소인 줄 몰라서 '유독한 공기'라고 했죠. 그리고 물에 이 기체를 통과시켜 녹아들게 해서 탄산수를 만들었어요.

유독한 공기(이산화탄소)

맥주

그 후 난 수상치환 장치를 고안해 내서 본격적으로 이산화탄소를 모으는 데 성공했고, 더 순수한 탄산수를 만들 수 있었어요.

아, 이렇게 탄산음료를 발명하신 거군요.

하지만 공기 중의 이산화탄소는 물에 잘 녹지 않잖아요. 어떻게 이산화탄소를 물에 잘 녹일 수 있죠?

어떤 물질이 다른 물질에 녹아 들어가는 정도를 '용해도'라고 하는데, 압력과 온도가 기체의 용해도에 어떻게 영향을 미치는지 알아보죠.

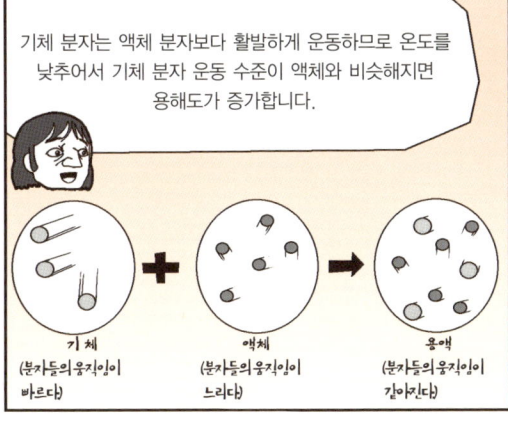

기체 분자는 액체 분자보다 활발하게 운동하므로 온도를 낮추어서 기체 분자 운동 수준이 액체와 비슷해지면 용해도가 증가합니다.

기체 (분자들의 움직임이 빠르다)

＋

액체 (분자들의 움직임이 느리다)

➡

용액 (분자들의 움직임이 같아진다)

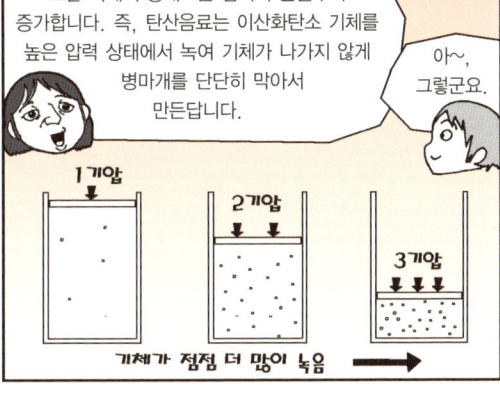

또한 기체의 용해도는 압력이 높을수록 증가합니다. 즉, 탄산음료는 이산화탄소 기체를 높은 압력 상태에서 녹여 기체가 나가지 않게 병마개를 단단히 막아서 만든답니다.

아～, 그렇군요.

1기압

2기압

3기압

기체가 점점 더 많이 녹음 ➡

산소와 이산화탄소 그리고 광합성

프리스틀리가 광합성 실험을 통해 알아낸 것들을 알아봅시다.

산소와 이산화탄소
그리고 광합성

3

프리스틀리가 거미 한 마리와
유리병을 가지고 와서
세 번째 수업을 시작했다.

여러분! 지금 내가 들고 있는 유리병 안에 살아 있는 이 거
미를 넣고 밀봉하면 어떻게 될까요?

__ 얼마 후에 죽을 거예요.

__ 그러시면 안 돼요. 거미가 너무 불쌍해요.

그래요. 하지만 나는 어렸을 때 호기심으로 유리병 안에 거
미를 넣고 밀봉한 후, 거미가 얼마 동안이나 살 수 있는지 동
생과 함께 여러 번 관찰했습니다. 지금 생각해 보면 동물 학
대로 비판을 받을 수도 있겠지만, 이러한 실험을 통해서 어
렸을 때부터 궁금했던 것을 해결하고 싶었습니다.

당시에도 생물은 공기를 마시지 못하면 죽는다는 사실을 모두 알고 있었습니다. 그러나 어떻게 생명을 잃는지 그 방법과 과정은 알려져 있지 않았습니다. 내가 갖고 있던 의문은 '생물은 마시는 공기를 모두 써 버리는 것일까? 그렇다면 그 유리병 안에는 무엇이 남아 있을까? 혹시 생물이 유리병 안에 무엇인가 보이지 않는 물질을 내보내는 것은 아닐까? 아니면 다른 어떤 요인이 작용하는 것일까?' 등등 너무 많았습니다.

직접 실험한 결과, 밀폐된 유리병 안에 있는 공기는 동물이 마지막으로 경련을 멈추고 죽은 후에도 눈으로 보기에는 변함이 없는 것처럼 보였습니다. 이때 한 가지 흥미로운 사실을 발견했습니다. 밀폐된 유리병 속에서 동물이 죽은 후 촛불을 넣으면 항상 촛불이 바로 꺼진다는 것이었습니다.

유리병 속의 박하나무

1771년 늦은 봄에 나는 다음과 같은 의문이 생겼습니다. '만일 밀폐된 유리병 안에서 동물이 죽는다면 식물은 얼마나 오래 살 수 있을까? 과연 식물이 쥐나 개구리보다 오래 살 수 있을까?' 이러한 의문을 해결하고자 곧장 정원으로 나가서 박하나무의 가지를 잘라 왔습니다. 그리고 이것을 물이 든 컵에 넣었습니다. 그 다음에는 커다란 유리병을 거꾸로 세워서 이 컵에 뒤집어 씌워 공기가 들어가지 못하게 했습니다.

몇 주가 지난 후, 박하나무의 가지를 보고 깜짝 놀랐습니다. 사실 나는 밀폐된 유리병 안의 박하나무가 며칠 못 가서 시들어 죽을 것이라고 예상했는데, 이런 나의 예상이 빗나갔기 때문입니다. 박하나무는 몇 주 동안 싱싱하게 살아 있었습니다. 나는 왜 이러한 일이 일어났는지 이해할 수 없었습니다.

이번에는 박하나무가 들어 있는 유리병에 촛불을 넣어 보았습니다. 밀폐된 유리병 속에서 쥐가 죽은 후에 촛불을 넣었을 때는 촛불이 바로 꺼졌는데, 박하나무가 들어 있는 병 속에서는 촛불이 오랫동안 더 잘 타는 것이었습니다.

박하나무가 들어 있는 유리병에 쥐도 넣어 보았습니다. 그랬더니 이 쥐는 무려 10분 동안 살아 움직였습니다. 그냥 밀폐된 유리병 속에 넣은 쥐보다 훨씬 오랫동안 살아 있었습니다. 하지만 이 쥐가 죽은 뒤, 그 유리병에 또 다른 쥐를 넣었을 때는 넣은 지 몇 초도 되지 않아서 쥐가 죽었습니다.

이러한 실험 결과는 나를 무척이나 혼란스럽게 만들었습니

| (가) | (나) | (다) | (라) |

다. 도무지 그 이유를 알 수 없었기 때문이었죠. 어찌 된 영문인지 몰랐지만 촛불을 꺼지게 하고, 쥐를 죽게 만든 어떤 힘을 박하나무가 무력하게 만들었다고 생각했습니다.

그래서 이번에는 유리병 안에 박하나무와 촛불을 동시에 넣고 밀봉했습니다. 한참 후, 촛불이 꺼졌습니다. 나는 밀폐된 유리병 안에 거미나 쥐가 있었다면 생명을 유지하는 데 필요한 것을 촛불이 모두 없앴기 때문에 죽었을 것이라고 생각했습니다. 그렇다면 박하나무도 당연히 죽을 것이라고 생각했습니다. 10일 쯤 지난 후에 밀폐된 유리병에 가까이 가서 관찰해 보니 박하나무가 싱싱하게 살아 있었습니다. 더군다나 10일 전에 분명히 유리병 안에 있던 촛불이 타다가 꺼지는 것을 관찰했는데, 10일이 지난 후에 이 유리병에 촛불을 넣으니 활활 잘 탔습니다.

여러 날 동안 고민하면서, 같은 실험을 10번 정도 반복했습니다. 실험 결과는 항상 같았습니다. 동물의 호흡이나 양초의 연소로 유리병 안에 나쁜 공기가 생기고, 나쁜 공기는 식물에 의해서 신선한 공기로 정화된다고 생각했습니다. 이러한 실험 결과로부터 "식물이 근본적인 공기의 성분을 복구하거나 공기 자체를 만들어 낸다."라는 가설을 세우게 되었습니다. 나는 이러한 가설이 맞는지 확인하기 위해 방법을 조금씩 달리하면서 수많은 실험을 거듭했습니다.

나는 촛불이 타고 난 공기를 둘로 나누어 유리 용기에 넣었다. 그중 하나에만 박하나무를 넣고 밀폐시켰다. 그리고 2개의 양초에 각각 불을 붙여 양쪽 유리 용기에 넣었더니, 촛불이 앞의 반쪽 용기에서는 탔지만 다른 반쪽 용기에서는 타지 않았다. 그리고 식물이 건강하게 살아 있을 때는 공기를 복구하는 데 5~6일이 걸린다는 건 알아낸 반면, 식물을 넣지 않은 유리 용기 안의

공기는 전혀 변화가 없음을 관찰했다. 나는 또한 식물이 들어 있지 않은 용기의 공기를 압축해 보고, 희박하게 해 보고, 빛과 열에 노출시켜 보고, 다른 물질이 발산하는 향기 속에 넣어 보는 등 실험 방법을 무수히 바꾸어 보았지만 변화는 일어나지 않았다.

프리스틀리가 기록한 실험 일지

또한 식물이 신선한 공기를 만들어 내는 데 햇빛이 필요한지 알아보기 위해 밤에도 실험을 해 보았습니다. 이 실험을 통해서 식물은 밤에 신선한 공기를 만들지 않는다는 것을 알게 되었습니다. 그리고 여러 종류의 식물을 바꾸어 가면서 같은 실험을 반복해 본 결과, 식물이 만드는 신선한 공기의 양이 식물의 종류에 따라 다르다는 것도 알아냈습니다.

식물은 광합성을 통해서 산소를 만든다

박하나무가 들어 있는 밀폐된 유리병에서 쥐가 더 오래 살고, 촛불이 더 잘 타는 이유는 무엇일까요? 나는 박하나무가 햇빛을 이용해 신선한 공기를 만들어 내기 때문이라고 생각했는데, 이것이 오늘날 식물의 광합성 과정에 해당하는 것이랍니다. 식물은 동물과 달리 음식을 먹지 않고도 생명을 유지할 수 있는데, 이러한 것은 '광합성'이라는 과정을 통해 식물이 스스로 양분을 만들 수 있기 때문입니다.

광합성은 식물의 양분 제조 공장인 잎의 엽록체에서 양분을 만드는 과정입니다. 엽록체는 식물 세포에 들어 있는 작은 기관으로, 현미경을 사용하여 관찰하면 녹색의 알갱이로 보입니다. 엽록체를 많이 가지고 있는 식물일수록 광합성이 더 활발하게 일어나고, 더 진한 녹색으로 보입니다.

창가에 놓아 둔 식물은 햇빛이 비치는 창문 쪽으로 잎을 뻗습니다. 이러한 성질을 식물의 굴광성이라고 합니다. 그렇다면 식물은 왜 빛을 향해서 자랄까요? 그것은 광합성 과정에 빛이 꼭 필요하기 때문에 최대한 많은 빛을 받기 위해 식물이

과학자의 비밀노트

굴광성이란?

식물이 빛의 자극에 반응하는 성질을 말한다. 창가에 식물을 두면 일제히 창 쪽을 향하여 자라는데, 이러한 현상은 줄기가 빛이 비추는 쪽보다 빛이 비추지 않는 쪽이 더 잘 성장하기 때문에 빛이 비추는 쪽으로 구부러지는 것이다. 일반적으로 줄기와 잎은 양의 굴광성을 보이며, 뿌리는 굴광성을 보이지 않거나 음의 굴광성을 보인다.

햇빛을 향해서 자라는 것이랍니다.

광합성이 일어나기 위해서 빛만 필요한 것이 아닙니다. 광합성에 꼭 필요한 물질은 물과 이산화탄소입니다. 물은 식물의 뿌리를 통해 땅속에서 흡수되고, 이산화탄소는 잎을 통해 공기 중에서 흡수됩니다. 이렇게 흡수된 물과 이산화탄소는 엽록체에서 빛 에너지를 받아 포도당과 산소를 만들게 됩니다. 이렇게 만들어진 포도당은 생물의 먹이로 이용되고, 산소는 생물이 호흡을 할 수 있게 해 줍니다. 즉, 식물은 광합성을 통해서 산소를 생산하는 공장인 셈입니다. 내가 앞에서 설명한 실험에서 동물의 호흡이나 양초의 연소로 유리병 안에 생긴 나쁜 공기가 이산화탄소이고, 박하나무가 만들어 낸 신선한 공기가 바로 산소인 것이지요.

산소는 지구의 모든 생명체가 숨을 쉴 때 이용하는 것으로 매 순간마다 엄청난 양의 산소가 소모됩니다. 하지만 식물의 광합성 과정에서 산소가 생성되므로 지구에는 전체 공기의 $\frac{1}{5}$ 정도로 산소의 양이 일정하게 유지되고 있습니다. 숲 속에서 산책할 때 상쾌함을 느끼는 것은 숲 속의 나무와 풀 등에서 광합성을 통해 많은 산소를 배출하기 때문입니다.

자! 이제 박하나무를 넣은 밀폐된 유리병 안에서 촛불이 더 잘 타고, 쥐가 더 오래 사는 이유를 알겠지요?

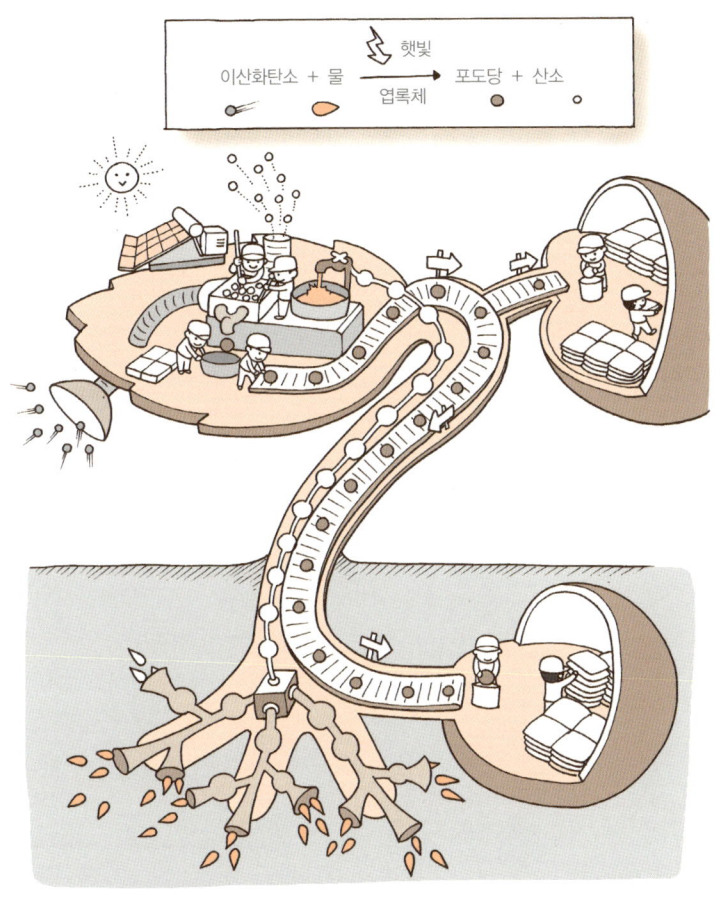

이산화탄소 + 물 → 포도당 + 산소

햇빛

엽록체

광합성을 통해 산소를 생산하는 식물 공장

__ 네!

__ 박하나무가 광합성을 하면서 양초의 연소 과정이나 쥐
의 호흡 과정에서 나오는 나쁜 공기인 이산화탄소를 흡수했

기 때문이에요.

＿ 동시에 박하나무가 신선한 공기인 산소를 배출해서 박하나무와 함께 있었던 촛불은 더 잘 타고, 쥐는 더 오래 살았던 거예요.

모두 잘 대답했어요. 하지만 여러분은 이산화탄소를 무조건 '나쁜 공기'로만 기억하면 안 돼요. 이산화탄소는 식물의 광합성 과정이나 탄산음료를 만들 때 꼭 필요한 기체잖아요.

다음 시간에는 산소에 대하여 더 자세히 알아봅시다.

아, 상쾌해!

숲 속의 공기가 상쾌한 이유는 식물들이
산소를 만들어 내기 때문이죠.
나는 실험을 통해 이 사실을 알아냈어요.

어떤
실험이었나요?

밀폐된 유리병에 촛불을 넣고 촛불이
꺼졌을 때, 한쪽에만 박하나무를 넣고
양초나 쥐를 넣어 보는
실험이었어요.

실험 결과, 박하나무가 있는 유리병에서는 양초가
탔지만 다른 쪽 용기에서는 타지 않았어요.
그리고 쥐도 박하나무가 있는 유리병 안에서는
더욱 오래 산다는 사실을 알아냈지요.

쥐가 좀
불쌍하네요.

그렇긴 하지만 이 실험으로 박하나무가
광합성을 하면서 양초의 연소나 쥐의
호흡에서 나오는 이산화탄소를 흡수하고
산소를 배출한다는 것을 알게 되었어요.

광합성이요?

식물의 뿌리를 통해 흡수된 물과 잎을 통해
흡수된 이산화탄소는 엽록체에서
빛 에너지를 받아 포도당과 산소를 만들게
되는데, 이 과정을 광합성이라고 해요.

아, 광합성을
통해 산소가
만들어지는군요.

그렇죠. 식물의 광합성을 통해
만들어진 포도당은 생물의 먹이로
이용되고, 산소는 생물이 호흡을
할 수 있게 해 준답니다.

4

산소의 발견

프리스틀리는 산소를 어떻게 발견했을까요?
산소의 성질과 역할에 대해서 알아봅시다.

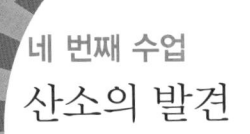

네 번째 수업

산소의 발견

프리스틀리가 지난 시간에 학습한
내용을 학생들에게 상기시키면서
네 번째 수업을 시작했다.

첫 번째 수업 시간에 연소에 대하여 설명한 것을 기억하고
있지요?

　＿ 네, 양초가 연소할 때는 양초에 들어 있는 탄소와 공기
중의 산소가 결합하여 이산화탄소를 만든다고 설명하셨어요.

　＿ 또 연소 과정에서 양초에 들어 있는 수소와 공기 중의
산소가 결합하여 물이 만들어진다고 설명하셨어요.

　좋아요. 복습을 철저히 하고 있군요. 그렇다면 옛날에는 양
초가 타는 것과 같은 연소 현상을 어떻게 설명했을까요?

　지난 시간에도 말했듯이 18세기만 해도 일반 사람들뿐만

아니라 과학자들도 4원소설을 믿었습니다. 그리스의 철학자인 엠페도클레스(Empedocles, B.C.490?~B.C.430?)가 주장한 4원소설은 만물의 기본 요소는 흙, 물, 불, 공기 등 4가지이며, 모든 물질은 이러한 4가지 원소들의 조합으로 이루어졌다는 것입니다.

물론 오늘날에는 4원소설이 잘못된 이론이라는 것이 밝혀졌죠. 4원소설을 믿던 당시에는 과학자들이 연소 현상을 플로지스톤 이론을 이용하여 설명했습니다.

플로지스톤 이론은 독일의 화학자인 슈탈(Georg Stahl, 1660~1734)에 의해 17세기 중반에 처음 발표되었습니다. 불에 탈 수 있는 모든 물질은 플로지스톤을 지니고 있으며, 물질이 불에 탈 때 날아가는 것이 플로지스톤이라고 설명했습니다. 따라서 종이, 숯, 황과 같이 쉽게 불이 붙고 잘 타는 물질은 플로지스톤을 많이 가지고 있으며, 돌과 같이 불에 안 타는 것은 플로지스톤을 가지고 있지 않기 때문이라고 설명했습니다. 또한 나무를 태울 때, 타고 난 나무의 재가 가벼운 것은 나무가 불에 타면서 플로지스톤이 빠져나갔기 때문이라고 설명했습니다.

그런데 과학자들 사이에서 의문이 생겼습니다. 금속을 불에 태우고 나면 오히려 무게가 증가하는 것을 발견한 것이죠. 이러한 의문에 당시 과학자들은 금속에 들어 있는 플로지스톤은 무게가 마이너스라고 주장했습니다. 금속에 들어 있는 마이너스 무게의 플로지스톤이 불에 타면서 빠져나가니까 오히려 무게가 증가할 수밖에 없다는 것이죠.

오늘날에 들으면 웃을 이야기이지만 당시 과학자들은 이러한 플로지스톤 이론을 굳게 믿었습니다. 왜냐하면 당시 플로지스톤 이론은 화학 현상을 설명하는 최초의 통일된 이론이었으며, 4원소설과도 잘 부합되었기 때문입니다. 나도 당시에는 플로지스톤 이론이 옳다고 믿었으며, 내가 관찰한 현상을 플로지스톤 이론으로 설명하기도 했습니다.

플로지스톤이 없는 공기 발견

1774년의 일입니다. 당시에 식물이 호흡으로 더러워진 공기를 흡수하고, 플로지스톤이 없는 신선한 공기를 배출하는 것을 안 나는 보다 순수하고 신선한 공기를 찾고 있었습니다. 수은을 약 300℃로 가열하면 붉은 수은재(오늘날 산화수은)가 됩니다. 나는 지름 30cm, 초점 거리 50cm인 커다란 렌즈로 빛을 모아 붉은 수은재를 가열했습니다. 가열된 붉은

수은재는 기체를 방출하고 수은으로 변했습니다. 이때 생성된 기체를 모은 통에 촛불을 넣어 보니 공기 중에서보다 더 밝게 잘 타올랐습니다. 이 기체 속에 실험용 쥐를 넣었을 때, 보통 공기 속에서보다 쥐가 더 오래 살 수 있음을 알게 되었습니다. 또한 이 기체는 유독한 공기(이산화탄소)와 달리 물에 잘 녹지 않았습니다.

나는 매우 혼란스러웠습니다. 붉은 수은재를 가열했을 때 방출된 기체가 무엇인지 잘 몰랐기 때문입니다. 당시 나는 공기가 여러 성분의 혼합물이 아니라 단일한 성분으로 이루어졌다고 생각했습니다. 그래서 연소나 호흡 시 공기의 성질이 변하는 것은 '플로지스톤'이라는 물질이 나오기 때문이라고 당연하게 생각했던 것이죠. 따라서 유리병 속의 촛불이 꺼지는 것은 플로지스톤이 공기와 결합해서 촛불이 더 이상 플로지스톤을 흡수하지 못하기 때문이라고 생각했습니다. 그러나 붉은 수은재가 타면서 나온 기체는 촛불을 더 오래 타게 하고, 타고 있는 숯을 넣었을 때 더 잘 타게 했습니다. 지금까지 실험했던 다른 공기와는 성질이 달랐습니다.

나는 이러한 현상을 관찰하고, 곰곰이 생각해 보았습니다. 아마 붉은 수은재가 타면서 나온 기체에는 플로지스톤이 너무 적게 있거나 아니면 아예 없기 때문일 것이라고 생각했습니다. 즉, 그 기체에는 플로지스톤이 거의 없기 때문에 촛불에 들어 있는 플로지스톤을 더 빨리 빨아들이는 것입니다. 이 기체가 플로지스톤을 더 빨리 빨아들이기 때문에 촛불이 더 잘 타고, 쥐도 더 오래 살 수 있었던 것입니다. 그래서 나는 이 기체를 플로지스톤이 없는 공기라고 불렀습니다.

내가 얻은 '플로지스톤이 없는 공기'를 현대의 과학적 관점에서 다음과 같이 설명할 수 있습니다. 실험 재료로 사용한 붉은 수은재는 수은을 공기 중에서 가열하여 태운 것인데, 오늘날 '산화수은'이라 불립니다. 산화수은은 수은이 연소하면서 산소와 결합한 것이죠. 그런데 이 산화수은에 다시 더 높은 열을 가하면 수은과 산소로 분리됩니다. 즉, 붉은 수은재를 가열하여 얻은 '플로지스톤이 없는 공기'는 바로 산소인 것입니다.

나는 예상치 못한 실험을 통해서 산소를 처음으로 발견하고도 새로운 기체라는 사실을 몰랐고, 단지 플로지스톤을 제거한 더욱 순수한 공기를 얻었다고 생각했습니다. 내가 플로지스톤이 없는 공기를 마셔 보았을 때, 가슴이 훨씬 가벼워지고, 숨쉬기도 편해졌습니다. 나는 이 기체가 호흡기 질환이 있는 환자들에게 매우 유용하게 쓰일 것이고, 귀족들에게 필수품이 될 것이라고 예상했습니다. 오늘날 산소를 통에 넣

어 팔기도 하니까 250여 년 전 나의 생각이 아주 빗나간 것은 아니지요. 하하하.

지구에서 산소가 만들어지기까지

오늘날 지구의 공기는 78%의 질소와 21%의 산소, 그리고 나머지 다른 기체들로 이루어져 있습니다. 그러나 지구가 처음 만들어진 약 46억 년 전의 원시 대기에는 산소가 없었습니다.

그렇다면, 오늘날 지구 상에 존재하는 산소는 어떻게 만들어진 것일까요?

지구가 처음 만들어진 46억 년 전의 지구는 매우 뜨거웠습니다. 이때 지구의 공기는 주로 질소, 수소, 수증기, 메테인(메탄), 이산화탄소 등으로 구성되어 있었습니다. 시간이 지나면서 지구가 서서히 식게 되었고, 공기 중의 수증기는 대부분 비가 되어 땅으로 내려왔습니다. 이러한 빗물이 모여 원시 바다를 이루었고, 공기 중의 이산화탄소가 바닷물에 많이 녹게 되었습니다.

이러한 상태가 20억 년 전까지 지속되다가 식물이 나타나 광합성을 하면서 공기를 이루는 구성 성분에 변화를 가져왔습니다. 식물은 광합성을 통해 물과 이산화탄소를 원료로 하여 포도당과 산소를 만들었습니다. 이처럼 광합성의 산물로 만들어진 산소는 공기 중에서 차지하는 비율이 점점 늘어나서, 지금으로부터 약 2억 년 전부터 전체 공기의 약 21%를 차지하고 있습니다.

만일 산소의 농도가 지금보다 4% 증가한다면 세계의 도처에서 화재가 발생할 것이며 아무리 물에 젖은 숲이라도 일단 불이 붙으면 꺼지지 않고 계속 탈 것입니다. 또한 만일 산소가 전체 공기의 12% 이하가 되면 아무리 불을 피우려 해도 연소는 일어나지 않을 것입니다. 따라서 현재의 산소 농도는 위험성과 안전성이 적절히 배합된 적정한 수준의 농도라고 할 수 있습니다.

이처럼 지구에 산소를 축적시켜 생물이 살 수 있게 만든 것은 바로 식물입니다. 오늘날에도 숲은 산소의 주요 공급원입니다. 대개 큰 나무 한 그루에서 두 사람이 하루 동안 숨을 쉬는 데 필요한 양보다 조금 더 많은 산소가 만들어집니다. 식물이 매년 대기 속으로 방출하는 산소량은 약 2,000억 t입니다. 특히 세계 최대의 밀림으로 '지구의 허파'라 불리는 아마존 일대는 지구 전체 산소의 20%를 만들어 냅니다.

　바다도 대형 산소 공장입니다. 바닷속의 식물성 플랑크톤이 만들어 내는 산소량은 지구 전체 산소의 70%에 이르니까 말이죠.

　따라서 바다가 오염되어 식물성 플랑크톤이 사라지거나 숲을 없애면, 생명을 유지하는 데 필요한 산소가 줄어들게 되어 지구에는 엄청난 재앙이 닥칠 것입니다. 이것이 왜 우리가 환경을 보존해야 하고, 나무를 심어야 하는지 그 이유를 말해 주는 것입니다.

산소의 성질

　생물이 살아가는 데 꼭 필요한 산소는 공기보다 무겁고 냄새와 색이 없습니다. 눈에는 보이지 않지만, 공기 중에는 산소가 21%나 들어 있지요. 매일 마시는 물속에도, 여러분이 서 있는 땅의 암석 속에도, 우리의 몸속에도 산소는 존재합니다. 생명체라면 산소로 구성되지 않은 것이 없고 또한 생명체들은 산소 없이는 살 수 없답니다. 산소는 지구 상에 있는 모든 원소들 중에서 매우 풍부한 화학 원소이며, 지각의 49.2%, 바다의 88.9%를 구성하는 요소입니다.

산소는 스스로는 타지 않고 다른 물질을 태우는 성질이 있습니다. 즉, 산소 기체 자체는 타지 않지만 다른 물질이 타는 것을 도우며, 반응성이 매우 커서 몇몇 원소를 제외한 거의 모든 원소와 반응하여 산화물을 만들 수 있답니다. 여기에서 산화란 어떤 물질이 산소와 결합하여 새로운 물질로 변하는 것을 의미합니다. 따라서 산화물이란 어떤 물질이 산화되어서 만들어진 물질을 의미하는 것이죠.

만일 어떤 물질이 빛과 열을 내면서 격렬하게 산소와 반응하는 연소 현상을 보인다면, 이것은 산화가 빨리 일어나는 것입니다. 철이나 금속이 녹스는 현상 또한 산화입니다. 즉, 철과 같은 금속이 습기가 있을 때 공기 중의 산소와 결합하여 녹이 슬면서 부식되는 것은 산화가 느리게 일어나는 것으로 볼 수 있습니다.

산소는 대부분 2개의 산소 원자가 결합한 분자 상태(O_2)로 존재하는데, 자외선을 받으면 산소 원자 하나가 더 붙어서 오존(O_3)이 되기도 합니다.

산소는 1기압, 20℃의 물에 약 5mL(약, 0.004g) 밖에 녹지 않습니다. 즉, 산소는 물에 잘 녹지 않습니다. 산소는 −218.8℃ 보다 낮은 온도에서 고체 상태로 존재하며, −183℃ 이상에서 기체 상태로 변합니다.

산소와 인체

여러분은 운동장을 뛰기 시작하고 얼마 지나지 않아 숨이 점점 가빠 왔던 것을 경험해 보았을 것입니다. 달리기를 마치고 한참을 쉬고 나서야 비로소 호흡이 정상으로 돌아옵니다. 왜 달리기를 하면 숨이 차는 것일까요? 또 코와 입을 막고 숨을 오래 참고 있다가 숨을 쉬면 숨을 깊게 여러 번 들이키게 되는데, 이러한 현상은 왜 일어날까요?

그 이유는 매우 간단합니다. 숨을 쉬면서 공기 중에 섞여 있는 산소를 들이켜 생명 활동을 하는데, 숨을 오래 참거나 운동을 심하게 하면 그만큼 산소가 더 많이 필요하게 되고, 많은 산소를 짧은 시간 내에 들이마시기 위해서 숨을 가쁘게 쉬는 것입니다.

우리가 살아가기 위해서는 몸 안에 에너지가 있어야 합니다. 에너지가 있어야 운동을 할 수 있으며, 숨을 쉴 수 있습니다. 몸 안의 에너지는 연소 현상에 의해서 만들어집니다. 우리가 식사를 하면서 섭취하는 여러 영양분 즉, 탄수화물, 단백질, 지방 등이 산소와 만나면서 에너지를 만들어 내는 것입니다. 당연히 이 과정에서 이산화탄소 기체를 배출하게 됩니다.

　따라서 우리가 숨을 쉬는 것은 우리의 생명을 유지하기 위해 에너지를 생산하는 데 필요한 산소를 받아들이고 이산화탄소를 몸 밖으로 내보내는 것이라고 할 수 있습니다.

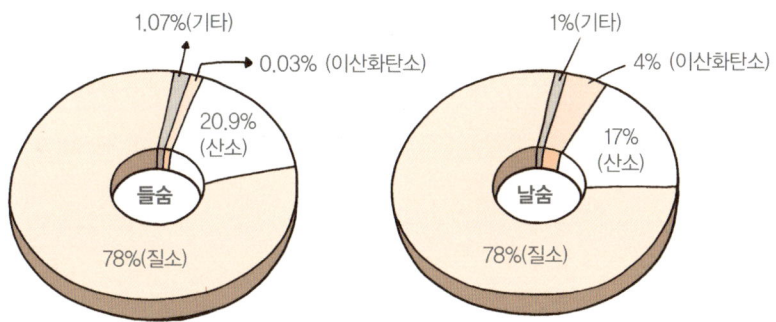

들숨과 날숨의 기체 성분 표

과학자의 비밀노트

탄수화물이란?

탄소와 수소, 산소로 이루어져 있으며, 인체 내에서 가장 중요한 에너지원이다. 탄수화물의 기본 물질인 포도당은 광합성 작용에 의해 합성되어 식물의 뿌리, 열매, 줄기와 잎 등에 전분이나 섬유소 형태로 저장된다. 탄수화물은 1g당 4kcal의 에너지를 공급하며 사람이 하루에 필요한 전체 에너지의 60~70% 정도를 차지한다.

그렇다면 공기 중의 산소가 어떻게 몸속으로 들어가게 될까요? 먼저 숨을 들이쉬면 산소가 허파(폐) 속으로 들어가게 됩니다. 허파 속에는 '허파 꽈리(폐포)'라는 기관이 아주 넓게 퍼져 있는데 이곳이 바로 산소를 흡수하는 기관이죠. 우리 몸의 심장은 허파 동맥(폐동맥)을 통해서 산소가 줄어든 혈액을 허파가 있는 곳으로 보냅니다. 그리고 이 혈액은 허파 꽈리로 들어갑니다. 허파 꽈리는 산소가 쉽게 녹아 들어갈 수 있도록 항상 젖어 있습니다. 혈액 속에는 적혈구라는 세포가

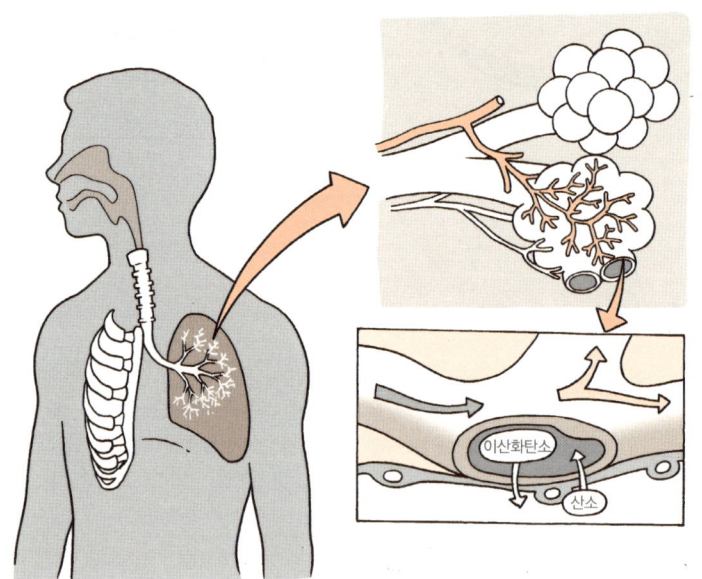

허파에서의 기체 교환

있고 이 세포 속에는 헤모글로빈이라는 성분이 있습니다. 이 헤모글로빈이 이산화탄소를 내보내고 산소를 받아들입니다. 그리고 산소를 가득 실은 적혈구는 허파 정맥(폐정맥)을 통해서 심장으로 들어갑니다. 그러면 심장은 이 신선한 혈액을 대동맥을 통해서 온몸으로 보내게 됩니다. 이것이 바로 우리 몸에서 일어나는 산소와 이산화탄소의 기체 교환입니다.

한 번에 최대로 들이마셨다가 내뿜을 수 있는 공기의 양을 폐활량이라고 하는데, 허파의 크기에 의해 좌우됩니다. 폐활량에 영향을 주는 요인은 신장, 체중, 연령, 폐 질환 등이 있으며, 대체로 키와 몸집이 클수록 폐활량이 큽니다.

한국의 수영 역사상 최초의 올림픽 금메달을 획득한 박태환 선수의 폐활량은 7,000cc로 보통 사람(남성 평균 4,800cc, 여성은 3,200cc)의 약 1.5~2.5배에 이른다고 합니다. 그렇다면 폐활량이 크면 운동을 잘할 수 있을까요? 꼭 그렇지만은 않습니다.

실제로 허파 꽈리를 둘러싼 모세 혈관 속으로 확산되는 산소의 양이 얼마나 많은지가 그 사람의 운동 능력과 직접적인 관련이 있습니다. 따라서 허파에서 산소와 이산화탄소가 교환되는 정도, 온몸에 있는 근육의 세포와 주변 혈관 사이에서 산소와 이산화탄소가 교환되는 정도가 중요한 것입니다.

지속적인 운동이 이러한 효율성을 높여 줍니다.

　반대로 허파 기능을 감소시키는 대표적인 것이 흡연입니다. 담배를 피우면 허파 꽈리가 파괴되어, 허파로 흡입된 산소가 몸 안으로 잘 들어갈 수 없습니다. 한 번 파괴된 허파 꽈리는 되살아나지 않으므로 건강한 생활을 위해서는 담배를 피우지 않아야 합니다.

산소와 공부

　성인의 경우 하루에 필요로 하는 산소의 양은 대략 500L 정도입니다. 이 중에서 20~30%는 뇌에서 소비합니다. 뇌가 체중에서 차지하는 비중은 2%에 불과하지만 다른 기관에 비해 10배 이상 산소를 필요로 합니다.

　왜냐하면 뇌에서는 끊임없이 사고 작용을 하고, 기본적으로 이루어지는 활동량이 다른 기관의 활동량보다 훨씬 많기 때문에 그만큼 산소와 에너지를 많이 필요로 합니다.

　일반적으로 산소가 충분히 함유된 혈액이 3~4분 정도 차단되면 뇌는 치명적인 손상을 입게 되고, 5분 이상 산소를 공급받지 못하면 목숨을 잃게 된답니다.

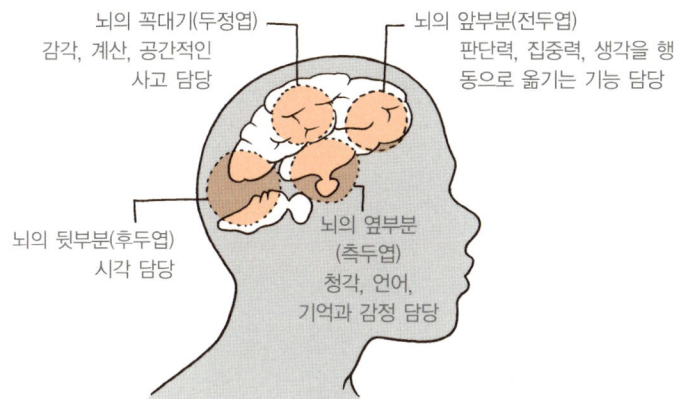

뇌의 꼭대기(두정엽)
감각, 계산, 공간적인
사고 담당

뇌의 앞부분(전두엽)
판단력, 집중력, 생각을 행
동으로 옮기는 기능 담당

뇌의 뒷부분(후두엽)
시각 담당

뇌의 옆부분
(측두엽)
청각, 언어,
기억과 감정 담당

산소를 소비하는 뇌의 부위별 활동

사람은 대기 중 산소 농도가 21~23%일 때 가장 쾌적함을 느낍니다. 서울 지역에 평균 산소 농도는 20.8%로 숲 속이나 탁 트인 바닷가의 산소 농도 21.9%와 불과 1% 차이밖에 안 나지만 느끼는 쾌적함은 전혀 다릅니다.

공기 순환이 잘되지 않는 실내에서 오랫동안 공부를 하다 보면 머리는 무겁고 집중력이 떨어지는 경우가 있습니다. 이것은 혈액 속에 산소가 부족할 때 일어나는 현상입니다. 사람의 몸 속엔 체중의 8%에 해당하는 약 4~6L의 피가 흐릅니다. 1분에 온몸을 한 바퀴 돌 정도의 속도로 혈관 속을 피가 흐르면서 영양소와 산소를 세포에 공급하고, 이산화탄소와 기타 불필요한 물질은 허파와 콩팥 등을 통해 몸 밖으로 내보냅니다.

따라서 혈액에 산소가 부족하거나 산소를 운반하는 헤모글로빈이 감소하면 체내 에너지가 부족하여 집중력이 떨어지고, 피로가 누적되며, 어지러우면서 두통이 일어납니다.

반대로 산소가 인체에 원활하게 공급될 경우, 대뇌 활동 촉진을 통해 기억력 및 사고력을 증진시킵니다. 공부를 할 때와 같이 두뇌 활동이 활발할 때는 산소를 많이 소모하게 됩니다. 특히 집중을 할 때는 호흡량이 상대적으로 줄어들어 소요 산소량이 절대적으로 부족하게 되므로 쉽게 집중력이 저하됩니다.

독일의 한 신경 심리학자는 1996년에 산소가 학습 효과에 미치는 영향에 대해 실험했습니다. 1분 동안 산소를 흡입한 집단과 그렇지 않은 집단의 기억력을 조사했는데, 산소를 마신 집단의 기억력이 더 좋았답니다. 한국의 경상 대학교 병원에서도 이와 비슷한 실험을 했는데, 산소 공급기를 통해 많은 양의 산소를 마신 학생의 집중력이 훨씬 높았답니다. 즉, 산소가 집중력 향상에 뚜렷한 효과가 있다는 것이죠.

여러분! 이제 공부할 때, 실내 공기를 자주 환기시켜서 산소 농도를 높이는 것이 집중력도 향상시키고, 기억력도 높아진다는 사실을 알았죠?

— 네!

산소의 양면성

자동차나 비행기는 연료를 태워서 발생하는 열을 이용하여 움직입니다. 그러나 우주에는 지구와 같이 연소 과정에서 필요한 산소가 있는 것이 아닙니다. 그렇다면 우주선은 어떻게 연료를 연소시켜 추진력을 얻을까요?

공기의 부피는 대단히 크기 때문에, 한정된 우주선의 공간에 많은 공기를 싣고 다닐 수 없습니다. 그래서 고안해 낸 것이 액화 산소인데, 이것은 산소 기체를 액체 상태로 만들어 부피를 크게 줄인 것입니다. 즉, 산소는 $-183℃$ 이하로 내려가면 액체로 변한다는 원리를 이용한 것이죠. 이와 같은 액화 산소를 우주선에 싣고 다니며, 연료를 연소시켜서 추진력을 얻는 것입니다.

물속에 잠수할 때, 잠수부들은 산소통을 메고 물속에 들어갑니다. 그럼 산소통에는 산소만 들어 있을까요? 아닙니다. 우리가 흔히 말하는 산소통에는 일반 공기를 높은 압력으로 압축하여 넣은 것입니다. 즉, 산소통에 산소만 들어 있다고 알고 있었다면, 그것은 잘못 알고 있는 것입니다.

산소는 금속을 녹여 서로 이어 붙이는 용접 작용에 이용되

기도 합니다. 산소와 아세틸렌 기체를 섞어서 태우면 약 3,000℃ 정도의 불꽃이 생깁니다. 이때 생긴 열을 이용하여 금속 재료를 녹여서 서로 붙이거나, 금속을 자를 때 사용합니다. 산소와 수소를 섞어서 태우면 약 2,500℃ 정도의 불꽃이 생기는데, 주로 인조 보석의 제조나 금속의 용접, 절단 등에 쓰입니다.

이와 같이 산소는 호흡이나 연소 과정에서 반드시 필요한 물질로 우리 생활의 다방면에서 이용되고 있습니다.

그러나 때로는 산소 때문에 피해를 입기도 합니다. 먼저 과일의 갈변 현상을 들 수 있습니다. 갈변 현상은 바나나, 사과, 배와 같은 과일의 껍질을 깎아 공기 중에 두었을 때, 흰색의 과육이 갈색으로 변하는 현상을 말합니다. 과일 속에 들어 있는 물질이 껍질이 벗겨지면서 공기 중의 산소와 결합

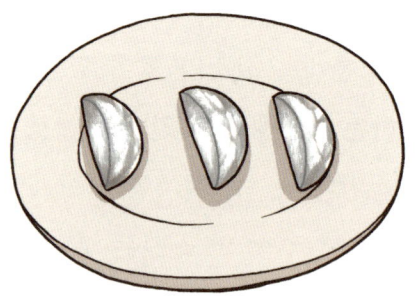

사과의 갈변 현상

하여 다른 물질로 변하는데, 이 과정에서 과육의 색이 갈색으로 변하는 것입니다. 갈변 현상이 일어난 과일은 먹기 싫겠죠? 그럼 어떻게 할까요? 갈변 현상을 방지하는 방법으로는 과일에 설탕을 뿌리거나 소금물에 담그거나 진공으로 포장하여 산소와의 접촉을 차단하는 방법이 있습니다.

산소에 의해서 입는 피해 중의 하나는 철이나 금속이 녹스는 현상을 들 수 있습니다. 철이 녹스는 현상을 부식이라고 하는데, 철 표면에 공기나 물이 접촉하면서 공기 중의 산소와 결합하여 '산화철'이라는 새로운 물질을 만들게 됩니다. 이 산화철이 우리가 '녹'이라고 부르는 것입니다. 녹을 잘게 부수어 보면 붉은색의 철가루같이 보입니다. 철의 부식 현상을 막기 위해 페인트칠이나 기름칠을 하는 것도 산소와 철의 접촉을 막기 위한 것이죠.

사람의 몸속에 흐르는 혈액이 붉은색인 이유도 철이 녹스는 것과 같은 원리입니다. 즉, 혈액 속에서 산소를 운반해 주는 헤모글로빈은 철 성분이 들어 있습니다. 이 헤모글로빈에 산소가 결합되면 철이 녹스는 것과 같이 붉은색으로 보이는 것입니다.

선생님, 운동을 하면 왜 숨이 찰까요?

운동을 하면 산소를 더 많이 필요로 하게 돼요. 따라서 짧은 시간 내에 산소를 더 많이 들이마시기 위해서 숨을 가쁘게 쉬는 것이에요.

헉 헉 헉

살아가는 데 필요한 에너지는 몸 안의 연소 현상에 의해서 만들어지는데, 섭취한 양분과 산소가 만나서 에너지를 내는 것이죠.

아, 그래서 숨을 쉬는 거군요. 그런데 이렇게 중요한 산소는 누가 발견했나요?

양분 모세 혈관
양분
작은창자의 융털
산소 연소 양분
이산화탄소 모세 혈관
작은창자

바로 나랍니다. 렌즈로 빛을 모아 붉은 수은재를 가열하여 생성된 기체를 모은 통에 촛불을 넣어 보니 공기 중에서보다 잘 타올랐고 쥐도 더 오래 살 수 있음을 알게 되었어요.

난 이 기체를 '플로지스톤이 없는 공기'라고 불렀는데, 이것이 바로 오늘날의 산소였던 것이죠.

아, 그렇게 산소를 발견하신 거군요. 그런데 산소는 원래부터 지구에 있었나요?

플로지스톤이 없는 공기
= 산소

아니요. 처음 지구가 만들어졌을 때에는 산소가 없었어요. 한참 뒤에 식물이 나타나 광합성을 통해 산소를 만들면서 공기 중에 산소가 생겨난 거예요.

원시 대기   수소   이산화탄소
질소   메테인
윽, 산소가 필요해!

다행이네요. 식물이 산소를 만들지 않았다면 큰일 났겠어요.

하하, 그렇죠. 산소는 동물이 숨을 쉬고 물질이 연소하는 데 꼭 필요한 물질이랍니다.

5

수소 이야기

대체 연료로 각광 받고 있는 수소에 대하여 알아봅시다.

5

프리스틀리가 '가연성 공기, 수소'에
대한 이야기로
다섯 번째 수업을 시작했다.

수소의 발견

내가 산소를 발견하기 전에 캐번디시(Henry Cavendish,
1731~1810)라는 유명한 과학자가 영국에 살고 있었습니다.

그는 당시에 어떤 과학자가 철에 황산을 부었더니 이상한
기체가 발생했고, 그 기체에 불을 붙였더니 '펑'하는 소리와
함께 불꽃이 났다는 이야기를 들었습니다.

그리고 다른 과학자가 탄광의 광부들이 불타는 증기라고
부르는 기체를 모아 불을 붙여 보았더니 파란 불꽃을 내며 타

들어갔다고 기록한 실험 일지도 읽었습니다.

이처럼 불타는 증기에 관한 여러 자료를 모으면서 캐번디시는 이 기체의 정체가 무엇인지 궁금해졌습니다. 그래서 그는 이 기체의 정체를 알아내기 위해 철이나 아연과 같은 금속에 염산이나 황산과 같은 산을 부어 보는 실험을 계속하고 있었습니다.

1766년에 마침내 그는 유리병에 아연과 묽은 황산을 넣고, 발생하는 기체를 모을 수 있었습니다. 그는 이 기체가 가벼우면서 불에 잘 타는 성질을 지니고 있다는 것을 알아냈습니다. 그래서 그는 이 기체를 가연성 공기라고 이름을 붙였습니다. 그것이 오늘날의 수소입니다.

그는 수소가 지닌 여러 특성을 실험을 통해서 밝혔습니다. 그는 수소가 물보다 $\frac{1}{8.76}$ 만큼 가벼우며 전체 공기 중에서 $\frac{1}{12}$ 의 비율을 차지한다는 것을 알아냈습니다. 오늘날 정밀한 과학적 측정에 의하면 수소의 비중은 공기의 $\frac{1}{14.4}$ 입니다. 이처럼 캐번디시의 측정이 상당히 정밀했다는 것을 알 수 있습니다.

그는 또한 수소와 산소에 전기 불꽃을 가하면 적은 양의 물이 생긴다는 사실도 발견했습니다. 캐번디시는 가연성 공기가 보통 공기와 반응하여 물을 만들지만, 이 과정에서 공기

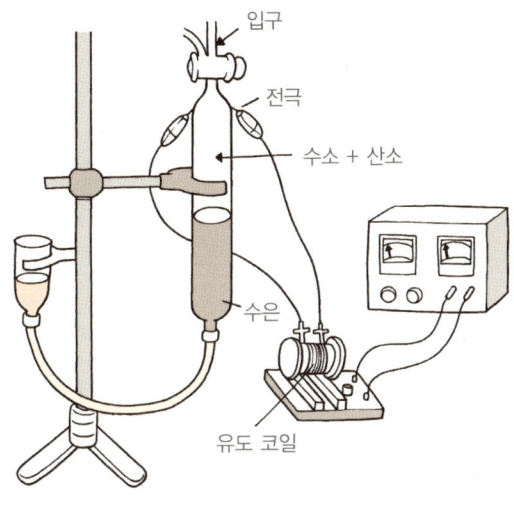

입구

전극

수소 + 산소

수은

유도 코일

물 합성 장치

의 $\frac{1}{5}$만 반응했다는 것을 알았습니다. 나머지 $\frac{4}{5}$는 '역한 공기'라고 불렀는데, 오늘날 '질소'라고 부르는 기체입니다. 즉, 그는 이 실험을 통해 원소라 믿어 온 물은 화합물이고, 공기는 혼합물임을 밝혔습니다.

당시 많은 과학자들은 4원소설을 굳게 믿었는데, 4원소설에서 물은 물질을 이루는 기본 원소이며 더 이상 쪼개지지 않는다고 생각했던 것입니다. 즉, 그 이전까지 물은 어떤 물질로도 만들 수 없는 기본 물질(원소)이라는 생각이 캐번디시에 의해 바뀌게 되었습니다.

수소의 성질

수소는 주기율표의 가장 첫 번째 화학 원소로, 우주에서 가장 흔한 원소입니다. '수소'라는 이름을 해석하면 '물의 재료'라는 뜻으로, '물(hydr(o)−)을 만드는 것(−gen)'에서 유래한 hydrogen을 직역한 것입니다. 즉, '수소'라는 이름은 연소 과정에서 산소와 결합하여 물을 만들기 때문에 붙여진 것입니다. 두 개의 수소 원자가 결합하여 수소 분자를 이루게 되면, 급격히 불에 타는 가연성을 가진 연료가 됩니다.

수소는 스스로 타는 성질이 있고 폭발하는 성질이 있습니다. 모든 물질 가운데 가장 가벼운 기체 원소이기도 합니다. 색깔과 냄새와 맛이 없고 불에 타기 쉽습니다. 수소가 모든 물질 가운데 가장 가볍다는 성질 때문에 오래 전부터 기구나 비행선을 제작하여 공중에 띄울 때, 이 기체를 많이 이용하였습니다.

1785년에 프랑스의 과학자 로지에(Pilâtre de Rozier, 1754 ~1785)는 프랑스에서 영국까지 횡단하기 위해 수소를 이용한 기구를 타고 지상으로부터 400m까지 올라갔으나 그만 기구가 공중 폭발해 그 자리에서 목숨을 잃고 말았습니다.

1937년에 독일에서 만든 힌덴부르크 호는 수소 기체를 가

불타는 힌덴부르크 호

득 채워 공중에 뜨게 한 비행선으로, 길이가 오늘날 비행기 길이의 3배가 넘는 매우 큰 것이었습니다. 힌덴부르크 호는 100명에 가까운 승객을 태우고 대서양을 횡단했습니다. 그러나 1937년에 뉴저지 주에 착륙할 때 화염에 휩싸여, 많은 인명 피해를 입힌 기록을 남겼습니다. 화재의 원인은 바로 수소가 약간의 불꽃만 있어도 폭발하는 성질을 가지고 있기 때문이었습니다. 이러한 사고가 난 후부터 수소 기체의 위험성이 제기돼 기구나 비행선에 수소를 사용하지 않게 되었습니다. 광고 풍선인 애드벌룬에도 처음엔 수소를 사용했으나 수소가 폭발해 사람들이 화상을 입는 사고가 발생하자 법적으로 수소를 쓰지 못하도록 막고 있습니다.

수소 연료

첫 번째 수업 시간에 양초가 연소하는 것은 양초에 있는 탈 물질과 산소가 결합하면서 빛과 열을 내는 것이라고 했습니다. 또한 연소 후에는 양초에 들어 있는 탄소가 산소와 결합하여 이산화탄소를 만들고, 수소는 산소와 결합하여 물을 만든다고 했습니다. 즉, 연소 과정에서 산소와 탈 물질이 결합하여 이산화탄소와 물을 만드는 것입니다. 이산화탄소는 지구 온난화의 주범으로 꼽을 수 있는데, 만일 수소를 연료로 사용하면 지구 온난화와 같은 환경 문제를 해결하는 데 도움이 될 것입니다.

석유를 대체할 수 있는 여러 에너지 중에 21세기에 들어서 가장 주목을 받는 후보는 수소 에너지입니다. 수소는 이 세상에서 가장 풍부한 화학 원소입니다. 우주를 이루는 원소의 90%가 수소이고, 물의 $\frac{2}{3}$는 수소 원자로 구성되어 있지요. 또 수소는 많은 에너지를 냅니다. 자동차를 움직이게 하는 연료인 휘발유와 비교하면 같은 무게를 태울 때 4배의 에너지를 냅니다. 수소는 연소하면서 물을 만들어 내기 때문에 고갈될 걱정이 없는 무궁무진한 자원이라는 점에서도 무척

매력적입니다.

오늘날 여러 에너지로 사용할 수 있는 수소를 얻는 가장 쉬운 방법은 물을 전기 분해하는 것입니다. 물을 전기 분해하여 수소를 얻을 수 있다는 것은 약 200여 년 전에 알려졌습니다. 그때부터 전지의 음극에서 발생하는 기체가 수소 기체라는 것을 알았습니다. 독일의 리터(Johann Ritter, 1776~1810)라는 과학자는 볼타(Alessandro Volta, 1745~1827)가 만든 전지로 물을 전기 분해하여 산소와 수소로 나누었고, 동시에 이것들을 가지고 불꽃을 일으켜 다시 물을 합성하는 데 처음으로 성공했습니다. 물에 전기를 흘려보내면 수소와 산소가 만들어집니다. 이것은 전기 에너지에 의해 물을 구성하고 있는 성분

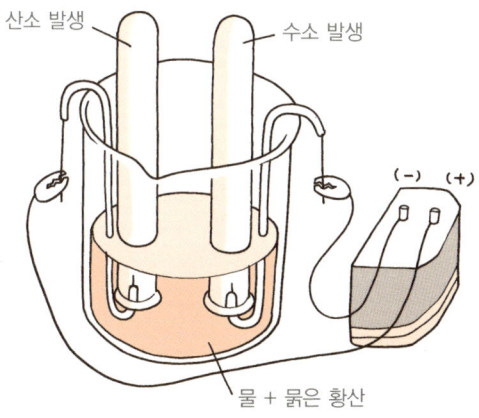

물의 전기 분해

인 산소와 수소의 결합을 끊어서 분해하기 때문입니다.

하지만 수소는 취급이나 보관이 어려운 물질이랍니다. 수소는 휘발유나 천연가스보다 훨씬 폭발력이 강하기 때문에 큰 사고의 위험이 있습니다. 그래서 안전하게 수소 연료를 저장하려면 앞으로 더 많은 연구를 해야 한답니다.

수소 폭탄

산소와 수소를 이용하여 재미있는 실험을 해 볼까요?

산성 용액이 알루미늄과 같은 금속을 만나면 수소가 발생한다는 것은 앞에서 설명했었죠? 그럼 이러한 원리를 이용하여 다음과 같이 실험을 해 봅시다.

∷ 실험 방법

1. 음료수 병에 식초(빙초산)를 넣는다.
2. 알루미늄 포일을 잘게 잘라 음료수 병에 넣는다.
3. 구부러진 빨대를 꽂고 병 주위를 고무찰흙으로 잘 막아 수소 발생 장치를 꾸민다.
4. 물과 주방용 세제를 1 : 2 정도로 섞은 용액을 준비한다.
5. 빨대의 끝에 고무관을 연결한다.

6. 연결한 고무관을 물과 주방용 세제를 섞은 용액에 갖다 대어 비눗방울이 생기게 한다.
7. 비눗방울에 입을 가까이 하여 살짝 불어 본다.
8. 비눗방울을 많이 만들어 성냥불을 가까이 가져가 본다.

주의사항

1. 처음 고무관에서 나오는 기체는 수소 발생 장치 안에 있던 일반 공기가 먼저 나온 것입니다. 따라서 수소 발생 장치 안에 있던 공기가 모두 빠져나간 뒤에 나오는 순수한 수소 기체만을 이용하여 실험을 합니다.
2. 수소가 들어간 비눗방울의 크기가 작으면 공기 중으로 뜨지 않기 때문에, 글리세린이나 물풀을 세제에 섞어 실험을 하면 큰 방울을 만들 수 있어 실험이 잘됩니다.

물 : 세제
(1 : 2)

식초(빙초산)

알루미늄 포일

성냥불을 비눗방울에 가까이 하면, '펑'소리와 함께 터지는 것을 볼 수 있죠? 이때 주의할 점은 수소가 나오는 고무관에 절대로 성냥불을 가까이 해서는 안 된다는 것입니다. 병자체가 폭발할 수도 있기 때문이죠.

보통의 비눗방울은 공중으로 올라가지 않고 곧바로 땅으로 떨어집니다. 그러나 고무관에서 나오는 수소 기체로 만들어

진 비눗방울은 공중으로 빠르게 솟아오릅니다. 이것으로 수소는 공기보다 가볍다는 것을 알 수 있습니다.

산소는 스스로 타지는 못하고 다른 물질이 타는 것을 도와주는 역할을 하지만, 수소는 스스로 탈 수 있습니다. 따라서 수소와 산소가 섞이면 발화점 이상의 온도에서 '펑' 하는 폭발음을 내면서 연소하게 됩니다. 비눗방울에 성냥불을 갖다 대었을 때 '펑' 하고 터지는 것도 이와 같은 원리로 설명할 수 있습니다. 이 과정에서 수소는 산소와 결합하여 물이 됩니다. 즉, 수소와 산소가 함께 있을 때 성냥불을 갖다 대면 급격하게 연소가 일어나기 때문에 폭발하는 것입니다. 또한 폭발과 함께 열에너지를 내면서 주변의 공기를 가열하게 됩니다. 이 과정에서 공기가 급격히 팽창을 하는데, 이때 나는 소리가 바로 '펑' 하고 나는 것입니다.

이번에는 수소 발생 장치의 병 입구에 풍선을 씌우면 어떻게 될까요? 풍선 안으로 수소 기체가 들어가겠죠? 그 풍선에 종이 심지를 붙인 다음 불을 붙이면 어떻게 될까요? 많은 수소가 들어 있으니까 더 큰 소리를 내면서 터질 거예요.

그렇다면 밀폐된 방 안에 수소만으로 가득 채우고, 불을 붙이면 어떻게 될까요?

__ 엄청난 폭발이 일어날 것 같아요.

그러나 폭발이 일어나지 않습니다. 왜냐고요? 당연히 연소가 일어나려면 산소가 있어야 하는데, 밀폐된 방 안에는 수소만 있기 때문이죠.

이번 시간에는 산소와 친한 수소 기체에 대하여 알아봤어요. 다음 시간에는 다른 여러 가지 기체들에 대하여 알아보겠습니다.

수소 자동차군요. 정말 저런 자동차가 실용화되면 획기적이겠어요.

수소를 연료로 하면 뭐가 좋은 거죠? 난 지금 자동차도 좋은 것 같은데요.

그럼 수소에 대해 알아볼까요? 수소는 영국의 과학자 캐번디시가 발견했어요. 그는 금속에 산을 부어 발생된 기체가 불에 잘 타는 성질을 지니고 있다는 것을 알아냈지요.

염산

응, 이 기체는 뭐지?

수소

철, 아연

당시 그는 이 기체를 '가연성 공기'라고 불렀는데, 이것이 오늘날의 수소예요. 또 그는 수소와 산소에 전기 불꽃을 가하면 적은 양의 물이 생긴다는 사실도 발견했지요.

그럼 수소는 어떤 성질이 있나요?

펑

으아~ 깜짝이야!

수소는 불에 잘 타고, 폭발하는 성질이 있습니다. 산소가 다른 물질의 연소를 돕는 조연성 기체인 반면, 수소는 스스로 잘 타는 가연성 기체인 것이죠.

내가 널 잘 탈수 있게 도와줄게~

고마워, 네가 있어야 내가 탈 수 있어.

산소

수소

또 수소는 모든 물질 가운데 가장 가벼워서 오래 전부터 기구나 비행선에 이용되어 왔어요. 하지만 폭발의 위험성 때문에 지금은 사용하지 않아요.

그럼 어떤 용도로 사용되나요?

수소를 연료로 사용하면 지구 온난화의 주범인 이산화탄소를 배출하지 않는다는 매우 큰 장점이 있어요. 하지만 폭발력이 강하기 때문에 안전한 저장 방법을 연구 중이죠.

그렇군요.

H

수소 자동차

여러 가지 기체의 발견

프리스틀리가 발견한 여러 가지 기체들에 대하여 알아봅시다.

6

마지막 수업

여러 가지 기체의 발견

프리스틀리가 아쉬워하며
마지막 수업을 시작했다.

　오늘날은 공기가 여러 종류의 기체로 이루어진 혼합물이라는 것을 알고 있지만 1770년대에는 오직 세 종류의 공기만 알려져 있었습니다. 보통의 공기(4원소설에서 말하는 공기), 이산화탄소, 수소입니다.

　난 맥주통에서 이산화탄소가 나오는 것을 발견하고 난 후, 다른 공기를 더 발견하고 싶었습니다. 내가 개발한 기체를 모으는 장치를 가지고 다양한 실험을 하여 여러 가지 기체를 발견했습니다. 오늘날 질소, 일산화이질소, 이산화질소, 암모니아, 염화수소, 이산화황, 사플루오린화규소, 일산화탄소로 알

려진 기체들을 이때 발견했던 것입니다.

이번 시간에는 내가 발견한 기체들에 대하여 알아봅시다.

질소의 발견 과정

18세기 중반의 과학자들은 공기 중에는 성분이 다른 두 가지 종류의 물질이 포함되어 있다고 생각했습니다. 그중 하나는 생명체의 생존에 필요한 것이고, 다른 한 가지는 생명을 유지할 수 없는 것이라고 생각했습니다.

앞에서 이미 설명했지만 1766년에 캐번디시는 가연성 공기, 수소를 발견했습니다. 가연성 공기는 보통 공기와 반응하여 물을 만들지만, 이 과정에서 공기의 $\frac{1}{5}$만 반응한다는 것을 알아냈습니다. 그래서 나머지 공기의 $\frac{4}{5}$는 '역한 공기'라라 불렀습니다.

그리고 1772년에 나는 일정량의 공기를 가지고 숯을 태우는 실험을 했는데, 그 결과 공기 중 약 $\frac{1}{5}$이 이산화탄소로 바뀌고 나머지는 연소와 관련 없는 기체임을 발견했습니다.

또 1777년에 셸레(Karl Scheele, 1742~1786)도 공기가 주

로 두 종류의 기체로 구성되어 있음을 발견했답니다. 그는 생명을 지탱해 주는 부분을 '불붙게 하는 공기' 그리고 그 나머지를 '오염된 공기'라고 불렀습니다.

영국의 화학자 러더퍼드(Daniel Rutherford, 1749~1819)는 공기가 들어 있는 병에 쥐를 넣고 외부 공기와 차단한 후, 쥐가 죽기를 기다렸습니다. 쥐가 죽은 후 병 안에 촛불을 넣어 꺼질 때까지 기다렸습니다. 그리고 초가 꺼지면 병 안에 들어 있는 기체에서 이산화탄소를 제거하고 여러 실험을 진행했습니다. 남아 있는 기체는 물질을 태울 수도 없고, 또 그 속에서는 쥐도 살 수 없음을 발견했습니다. 이러한 실험 결과를 러더퍼드는 물질이 타지 않는 것은 공기가 플로지스톤으로 가득 차 있어서 더 이상 플로지스톤을 받아들일 능력이 없기 때문이라고 해석했답니다. 그리고 이것을 '플로지스톤화된 공기'라고 했습니다. 또한 이 속에서 쥐가 살지 못하고 죽으므로 이 기체를 '독이 있는 공기'라고 부르기도 했답니다. 이것은 내가 산소를 발견하고도 그것을 '산소'라고 생각하지 못하고 '플로지스톤이 없는 공기'라고 잘못 생각한 것과 같은 실수를 범한 것이죠.

'역한 공기', '플로지스톤화된 공기' 또는 '오염된 공기'라고 불리는 기체가 바로 공기 중 약 78%를 차지하는 오늘날의 질

소입니다. 질소는 비금속 화학 원소로 원소 기호는 N이고 원자 번호는 7입니다. 일반적으로 색깔, 냄새, 맛이 없는 기체 상태로 존재합니다. 또한 질소는 아미노산, 암모니아, 질산, 시안화물과 같은 중요 화합물을 구성하는 물질이기도 합니다. 질소는 일반적으로 상온에서 두 개의 원자가 결합하여 하나의 분자를 이루는 이원자분자로 존재합니다. $-210℃$에서 고체에서 액체로 변하고, $-196℃$ 이상에서는 기체로 변합니다.

질소와 생활

질소는 비교적 물에 잘 녹는 이산화탄소에 비해 물에 적은 양이 녹습니다. 또한 질소는 상온에서는 활성도가 거의 없어 다른 물질과 화학 반응을 일으키지 않습니다. 따라서 질소는 일반 공기에서는 혈액이나 신체 조직에 흡수되지 않고 그대로 통과합니다.

그러나 공기에서 질소의 양이 많아지면 인체에 해를 가할 수도 있습니다. 잠수부들이 잠수할 때, 인체가 받는 압력은 물속으로 깊이 들어갈수록 높아집니다. 따라서 정상 호흡을 하려면 수압과 같은 압력으로 공기를 공급받아야 합니다. 일반적으로 수심 30m에 있는 잠수부는 바닷물의 표면보다 밀도가 4배 높은 공기로 숨을 쉬는데, 이 경우 질소의 양도 4배 커집니다. 질소는 지방 조직에서 다른 조직들보다 빨리 흡수되며, 뇌와 그 밖의 신경 계통은 지질의 함량이 다른 부분보다 높습니다. 결과적으로 질소가 고도로 농축되어 있는 공기를 호흡하면 신경계가 질소로 포화되어 정상 기능이 손상됩니다. 잠수부가 산소통을 메고 잠수할 때 너무 깊은 곳으로 잠수할 수 없는 이유가 여기 있답니다.

일상생활에서 질소가 사용되는 예를 가장 찾기 쉬운 것은 과자 봉지 충전제입니다. 질소는 색깔과 냄새가 없고 상온에서는 다른 물질과 거의 반응하지 않기 때문에 질소를 이용해 과자 봉지를 충전하면 과자와 거의 반응하지 않으면서도 봉지를 팽팽하게 만들어 내부 물질이 부서지는 일을 막을 수 있습니다. 또한 질소는 공기의 78%를 차지하므로 값싸게 얻을 수 있다는 장점도 있죠.

질소는 냉매로도 사용합니다. 냉매는 어떤 물질을 시원하게 만들 목적으로 사용되는 물질입니다. 어떤 물질이 액체 상태에서 기체 상태로 변하는 기화를 할 때는 주변의 열을 흡수하기 때문에, 이때 흡수한 열만큼 주위의 온도를 떨어뜨릴

액체 질소로 얼린 과자를 먹으니 하얀 연기가 나오네.

난 괴물 용가리다! 크아~.

액체 질소를 이용하여 얼린 과자를 먹은 후

수 있습니다. 질소는 −196℃에서 기화를 합니다. 즉, 매우 낮은 온도에서 기체로 변하는 것이죠. 따라서 질소는 일단 액체 상태로 만들어 놓으면 쉽게 기화를 하기 때문에 흡수한 기화열만큼 주위의 온도를 낮출 수 있습니다. 그래서 냉장고나 에어컨과 같은 가전제품에서 냉매로 질소를 이용하기도 합니다.

우리가 일상생활에서 질소를 이용하는 예는 위의 경우 외에도 많습니다. 먼저 액체 질소는 초전도체의 극저온 상태를 유지하기 위한 냉매로 이용하고 있으며, 병원의 의료용 냉매로도 이용하고 있습니다. 또한 공업적으로 암모니아, 질산, 질소 비료 등의 제조 원료로 이용하고 있습니다. 지금은 찾기 어렵지만, 가정에서 많이 사용했던 백열전구는 그 안에 질소 기체가 채워져 있는데, 이것은 백열전구의 내부에 질소 기체를 채우면 필라멘트의 수명을 연장할 수 있기 때문입니다.

질소는 우리 신체를 이루고 있으면서, 살아가는 데 없어서는 안 되는 원소입니다. 우리 신체를 이루는 주요한 3가지 요소는 탄수화물과 지방, 그리고 단백질입니다. 이러한 3가지 요소 중에서 탄수화물과 지방은 탄소, 수소, 산소의 3가지 원소로만 이루어진 분자들이지만, 단백질은 이 3가지 원소에 하나가 더 추가되는데, 그것이 바로 질소랍니다.

그러나 우리는 숨을 쉴 때 산소만을 흡수할 뿐, 질소는 거의 흡수하지 못한답니다. 사람뿐 아니라 지구에 있는 대부분의 생물들은 공기 중의 질소를 이용해 단백질을 만들지 못합니다. 그러니 질소가 공기 중의 78%를 차지해도 소용이 없습니다. 그렇다면 생명체를 이루는 기본 요소인 단백질을 이루는 질소는 어떻게 생명체를 이루는 물질 속으로 들어온 것일까요? 그 해답은 바로 콩에 있습니다.

공기 중에 들어 있는 무궁무진한 질소를 사용할 수 있는 유일한 생물이 '콩과 식물'입니다. 모든 콩과 식물 뿌리에는 뿌리혹박테리아가 살고 있습니다. 이 뿌리혹박테리아가 대기 중의 질소 기체를 잡아 식물체가 이용할 수 있는 형태로 바꿔

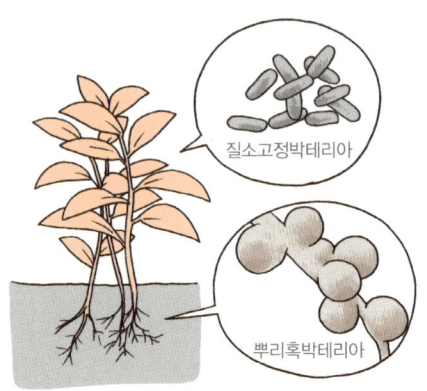

질소고정박테리아

뿌리혹박테리아

전자 현미경으로 확대한 질소고정박테리아와 뿌리혹박테리아의 모습

주기 때문입니다. 콩과 식물은 척박한 땅에 심고 비료를 주지
않아도 잘 자라기로 유명한데, 이는 스스로 공기 중의 질소
기체에서 질소를 뽑아낼 줄 아는 능력을 지녔기 때문입니다.

그러나 콩과 식물을 제외한 다른 식물들은 뿌리에 뿌리혹
박테리아가 없어, 질소 기체를 직접 사용할 수 없기 때문에
토양 속에 녹아 있는 질산이 포함된 이온들을 빨아들여 단백
질을 만듭니다. 동물들은 식물들이나 다른 동물들을 섭취하
여 질소를 얻게 됩니다.

즉, 질소는 원래 공기 중에 존재하다가 뿌리혹박테리아와
같은 미생물이나 번갯불의 방전에 의해 다른 원소들과 결합
해 이온 형태로 바뀝니다. 그리고 물에 녹아 땅속으로 흘러들

어 갔다가, 식물들이 이를 빨아들여 줄기나 잎을 만들고, 다시 이것이 동물의 먹이가 되어 동물의 단백질을 만드는 원료로 쓰입니다. 이러한 질소의 이동을 질소 순환이라고 합니다.

이산화질소

이산화질소는 질소 원자 1개와 산소 원자 2개로 이루어진 화합물입니다. 일반적으로 1개의 질소 원자와 1개의 산소 원자로 이루어진 일산화질소가 산소와 결합하여 생성되는 물질입니다.

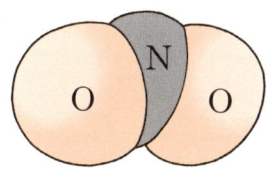

이산화질소
분자 모형

이산화질소는 공기 중에서 붉은 갈색의 기체 상태로 존재하며, 매운 자극적인 냄새가 납니다. −9.3℃ 이하에서는 고체 상태로 존재하며, −9.3℃ 이상에서는 푸른색 액체로 변합니다. 또한 21.3℃ 이상에서 기체로 변합니다.

일반적으로 건조한 분말 형태의 질산납을 산소가 있는 곳에서 가열하여 만듭니다. 이산화질소는 다른 기체에 비하여 물에 잘 녹습니다. 이산화질소가 물에 녹아서, 물과 반응하

면 질산과 일산화질소가 된답니다. 이산화질소는 공기보다 무거우며, 공기 중에 농도가 높아지면 산성비를 내리게 하는 주요 원인 중의 하나입니다.

이산화질소는 식물보다 사람에게 주는 피해가 더 크고 일산화질소보다 5~10배의 독성을 가지고 있습니다. 사람이 높은 농도의 이산화질소에 장기간 노출될 경우, 아동 및 노약자들의 급성 호흡기 질환 발생률이 증가한답니다. 심지어 폐암까지도 일으킬 수 있으며 심하면 폐부종, 혈압 상승 등이 나타나 의식을 잃게 만듭니다.

2006년에 유럽우주기구(ESA)는 '2006년 이산화질소 오염 세계 지도'를 공개했습니다. 이때 언론에 보도된 자료에 따르면, 한국의 수도권이 붉은색으로 표시되어 있습니다. 즉, 이산화질소 오염도가 가장 높은 곳이라는 것이죠. 그렇다면 왜 한국의 수도권은 이산화질소에 뒤덮여 있는 것일까요?

과학자들의 연구 결과에 의하면 이산화질소는 자연적으로 생성되거나 산업 기술의 발달로 인해 연료를 높은 온도에서 연소시킬 때 대기 중에 있는 질소의 일부가 산소와 반응하여 생성된다고 합니다. 즉, 산업 기술의 발달로 이산화질소가 발생되는 경우는 자동차를 가속시킬 때나 화력 발전소나 공장 등에서 연료를 높은 온도에서 연소시킬 때로, 이때 많은

양의 이산화질소가 발생합니다. 그 밖에 폭약을 터트릴 때에
도 이산화질소가 발생하며 농작물에 주는 비료의 제조 과정,
필름의 제조 과정, 금속의 부식 과정, 사진을 현상하는 과정
등에서도 이산화질소가 발생합니다.

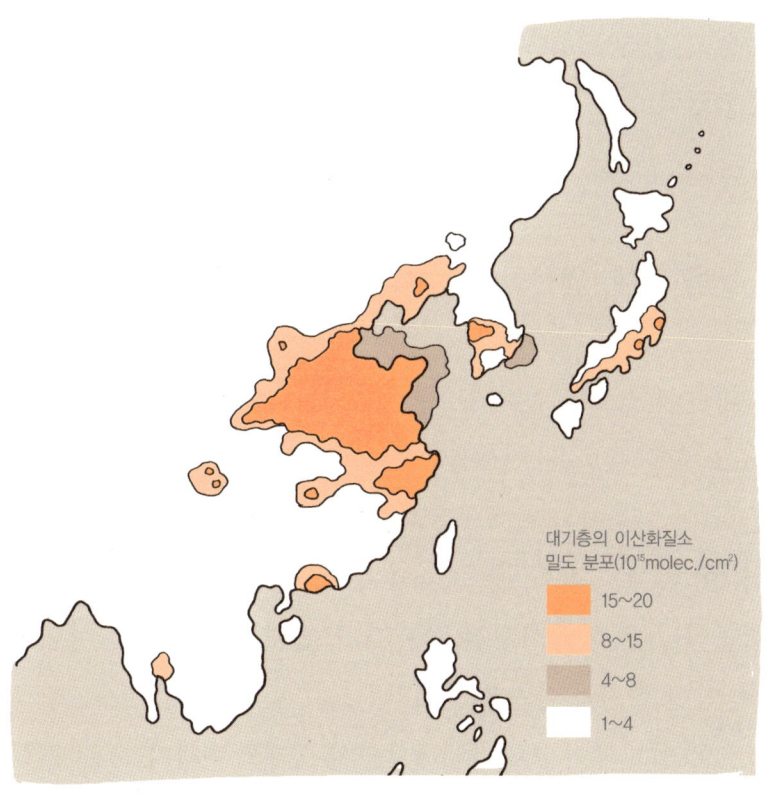

대기층의 이산화질소
밀도 분포(10^{15}molec./cm²)

15~20

8~15

4~8

1~4

2006년 이산화질소 오염 세계 지도

산업 기술의 발달로 공기 중에 오염 물질인 이산화질소의 양이 증가하면서 나타나는 피해가 많습니다. 이산화질소는 자체적으로 독성을 지니고 있을 뿐만 아니라, 공기 중에서 산성비를 유발하기도 합니다. 또한 이산화질소는 탄소와 결합해 스모그를 일으키는 원인이 되기도 합니다. 이 이산화질소는 1940년에 미국 로스앤젤레스 지역에서 식물에 피해를 주었고, 1950년경에는 사람에게도 큰 피해를 준 대기 오염의 주범입니다.

웃음 기체, 일산화이질소

내가 산소를 발견하기 2년 전인 1772년에 새로운 기체를 발견했습니다. 이것이 일산화이질소입니다.

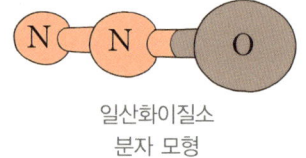

일산화이질소
분자 모형

이 기체는 질소 원자 2개와 산소 원자 1개로 이루어진 화합물입니다. 일산화이질소는 자연 상태에서는 기체 상태인데, 약한 향기와 단맛을 냅니다.

−90.86℃에서 고체 상태에서 액체 상태로 변하며, −88.48℃ 이상에서는 액체 상태에서 기체 상태로 변합니다. 공기보다

1.5배 정도 무거운 이 기체는 액체 상태와 고체 상태에서 모두 무색이며, 물과 알코올에는 상당히 잘 녹습니다. 또한 상온에서 안정하여 폭발하거나 다른 물질과 쉽게 결합하지 않습니다. 화학적 성질은 산성 물질과 비슷하며 나무 조각, 인, 황 등은 공기 중에서보다 이 기체 속에서 더 잘 탑니다.

나를 비롯한 많은 과학자들은 경험을 통해서 이 기체를 흡입하면 사람들이 이상해진다는 사실을 알게 되었습니다. 기분이 좋아져서 노래를 부르거나 혼자 웃기도 하고, 또는 시비를 걸어 싸우는 등 이상한 행동을 하는 것입니다. 그리고 이 기체를 흡입하면 얼굴 근육에 경련이 일어나 마치 웃는 것처럼 보입니다. 그래서 이 기체를 '웃음 기체'라고 부르게 되었고, 영국에서는 한때 기분이 좋아지기 위해 일부러 이 기체를 흡입하는 것이 사람들 사이에서 유행했답니다.

웃음 기체를 '일산화이질소'라고 처음 이름을 붙여 준 과학자는 영국의 데이비(Humphry Davy, 1778~1829)라는 화학자입니다. 그는 당시 왕립 연구소 소장을 맡고 있으면서 칼륨, 칼슘, 스트론튬, 알루미늄, 마그네슘, 나트륨 등 12개의 원소를 처음으로 발견한 유명한 화학자였습니다. 그는 1799년경에 일산화이질소가 마취 기능이 있음을 발견했습니다. 그리고 스스로 이 기체를 흡입해 완전히 의식을 잃었다

가 깨어나는 실험을 하여 유명해졌고, 이로 인해 교수가 되었습니다. 그는 의학용 마취제로 이 기체를 사용할 수 있다고 생각한 최초의 과학자이기도 합니다.

　그 후 많은 과학자들에 의해 일산화이질소의 성질에 대하여 자세하게 알려졌습니다. 일산화이질소는 주로 단시간 동안 실시하는 외과 수술에서 마취제로 사용하는데, 만약 이 기체를 장시간 흡입하면 사망합니다. 일산화이질소는 독성 · 자극성이 약하여 단시간 흡입할 경우에는 안전하지만, 장시간 흡입하게 되면 체내에 일산화이질소의 농도가 축적되면서 산소 결핍증을 일으켜 매우 위험합니다. 따라서 일산화이질소는 엄격한 규정 하에 사용되도록 관리하고 있습니다.

　일산화이질소는 지구 온난화의 주범인 온실 효과를 일으키는 것으로 알려져 있습니다. 이 기체의 1분자당 온실 효과는 이산화탄소의 310배나 된다고 합니다. 일산화이질소는 또한 성층권의 오존층 파괴에도 큰 영향을 미치고 있다고 알려져 있습니다.

이 기체의 발생원으로는 주로 해양과 담수 및 삼림의 토양 등 자연계를 들 수 있지만, 화석 연료를 연소시키거나 질소를 함유한 비료를 사용하는 인간의 활동에서도 일산화이질소 기체가 많이 발생합니다. 특히 농지로부터의 방출은 질소계 화학 비료 사용량의 증대로 1950년대 이후 대폭 증가하고 있습니다. 세계 보건 기구에서는 온실 효과를 일으키는 주요 기체 6가지를 선정하여 사용량 삭감 대상으로 삼았는데, 이 중 한 가지가 일산화이질소입니다.

암모니아

잘 청소하지 않는 공중 화장실에 가면 심한 악취가 납니다. 이 악취의 원인이 바로 암모니아입니다. '암모니아' 라는 이름은 이집

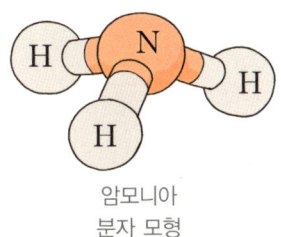

암모니아
분자 모형

트의 암몬 신을 받들기 위해 리비아 사막에 세워진 신전에서 유래되었다고 합니다.

1774년에 나는 처음으로 암모니아 기체를 분리하는 데 성공했습니다. 그리고 이 기체를 '알칼리성 공기'라고 불렀는데, 나중에 과학자들은 '암모니아'로 이름을 정했어요.

암모니아는 질소와 수소로 이루어진 화합물입니다. 상온에서는 특유의 자극적인 냄새가 나는 무색의 기체 상태로 존재하지요. 대기 중에 소량 포함되어 있으며, 지하수에 적은 양이 녹아 있기도 합니다. 토양 중에도 질소 유기물을 세균이 분해하여 포함될 수 있습니다.

상온에서 암모니아 기체에 압력을 가하여 압축시키면 비교적 간단하게 액화시킬 수 있습니다. 자연 상태에서 $-33.4℃$ 이하로 온도를 낮추면 액체로 되고, $-77.7℃$ 이하로 온도를 낮추면 고체로 변합니다.

암모니아는 다른 기체들에 비하여 물에 잘 녹는 물질이랍니다. 20℃의 물 100mL에 520g까지 녹일 수 있습니다. 화장실에서 지독한 냄새가 날 때, 물청소를 하면 냄새가 덜 나는 이유도 암모니아 기체가 물에 잘 녹기 때문입니다.

화장실 냄새는 사람의 배설물에 있는 암모니아라는 성분이 공기 중으로 퍼지기 때문에 나지요. 공기는 물에 거의 녹지 않습니다. 따라서 암모니아가 섞인 공기에 물을 뿌리면 용해도가 큰 암모니아만 물에 녹아 물과 함께 씻겨 나가게 되는 것입니다.

그런데 사람의 배설물에는 왜 암모니아가 섞여 있을까요?

우리가 운동할 때 몸에 있는 탄수화물, 지방, 단백질 등을 연소시켜 에너지를 얻습니다. 이때 단백질 속에는 탄소와 수소, 질소가 들어 있는데, 단백질을 태우면 연소 과정에서 부산물로 이산화탄소와 물, 암모니아가 만들어집니다. 부산물로 생긴 암모니아는 몸에서 필요가 없기 때문에 요소로 전환되어 오줌에 섞여 몸 밖으로 배출되는 것입니다.

한편, 붕어와 같은 수중 동물들은 암모니아를 그대로 배설하는데, 암모니아는 수용성이어서 물에 녹아 희석되기 때문에 유독성의 문제가 해결됩니다. 그러나 어항에서 물고기를 키울 때에는 물을 주기적으로 갈아주어야 합니다. 어항의 물속에 암모니아가 계속 녹아 들어가면 물이 오염되어 물고기에게 해를 입히기 때문입니다.

암모니아 기체를 자연 상태의 기압에서 $-33.4℃$로 온도를 낮추어 주거나 압력을 높여 주면 쉽게 액체로 변합니다. 액체 암모니아가 다시 기체로 변하는 과정에서 주위로부터 많은 열을 빼앗습니다.

이러한 성질 때문에 암모니아는 냉동 장치의 냉매로 사용되기도 합니다.

실제로 1859년 프랑스의 카레이(Ferdinand Carré, 1824~1900)가 암모니아를 냉매로 사용하는 최초의 냉동기를 만들었습니다. 이후, 1862년 런던에서 열린 국제 박람회에 암모니아를 이용한 냉장고가 등장하면서 전 세계 사람들에게 냉장고라는 발명품이 널리 알려지게 되었습니다. 그러나 암모니아 기체의 유독성 때문에 현재는 다른 기체를 이용하여 냉매로 사용하고 있습니다.

우리가 에너지를 얻기 위하여 먹는 음식물을 구성하는 주된 화학 원소는 탄소, 수소, 산소, 질소, 인입니다. 그런데 식물은 이산화탄소와 물을 통해 탄소, 수소, 산소를 충분히 얻지만 질소와 인은 쉽게 얻을 수 없습니다.

그래서 식물의 생산량을 늘리기 위해서는 질소와 인을 비료의 형태로 외부에서 공급해 주어야 하지요. 암모니아는 질소 비료를 만들 때, 질소를 공급해 주는 중요한 물질이랍니다.

18세기 후반에 암모니아가 질소와 수소로 이루어진 화합물이라는 것이 밝혀진 후, 많은 과학자들이 인공적으로 암모니아를 만들기 위한 연구를 했습니다.

1907년 하버(Fritz Haber, 1868~1934)는 질소와 수소를

촉매(산화철과 약간의 세륨 및 크로뮴) 존재 하에 550℃, 200기압에서 반응시키면 암모니아를 얻을 수 있음을 발견했습니다. 그러나 당시의 기술 수준으로는 합성에 필요한 조건인 고온과 고압을 조성하기가 힘들었습니다.

제1차 세계 대전 중에 폭발물을 만들기 위한 암모니아의 수요가 증가하면서, 1913년 보슈(Carl Bosch, 1874~1940)는 하버의 방법을 공업적으로 적용하여 연 9,000t의 암모니아 합성에 성공했습니다.

이렇게 해서 개발된 '하버-보슈 법'은 암모니아를 대량 생산함으로써 질소 비료도 대량 생산이 가능하게 되었고, 식량의 수확량이 크게 증가하게 되었습니다.

염화수소

염화수소는 수소와 염소의 화합물
입니다. 상온에서는 자극적인 냄새가
나는 무색의 기체이며, 물에 대한 용
해도가 매우 커서 물 1L에 약 700g이

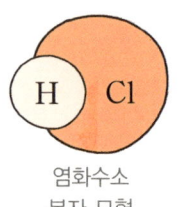

염화수소
분자 모형

나 녹습니다. 산소가 1L의 물에 단지 0.008g만 녹는 것과 비
교해 보면 염화수소가 물에 얼마나 잘 녹는지를 알 수 있습니
다. 염화수소가 물에 녹은 그 수용액을 염산이라고 합니다.
자연 상태에서는 기체로 존재하며, −85℃에서 액체로 변하
고 −114.2℃에서 고체로 변합니다.

염화수소는 주로 플라스틱 공업이나 폴리염화비닐(PVC)
의 연소, 소다 공업, 석탄의 연소, 활성탄의 제조 등에서 배
출됩니다. 이 기체는 습기를 흡수하는 성질이 강해서 탈수제
로 많이 사용되기도 합니다. 염화수소 자체는 폭발성이 없지
만, 금속과 반응해서 수소를 발생하고 이 수소가 공기와 혼
합해서 폭발을 일으키기도 한답니다.

염화수소는 일반적으로 소금과 황산을 반응시켜서 만듭니
다. 이러한 방법은 기원전 800년경 연금술사였던 게베르

(Jabir Geber, 721~?)가 소금과 황산을 혼합하는 과정에서 염산이 만들어진 것을 발견하면서부터 알려졌습니다. 물론 게베르는 염화수소를 발견한 것이 아니라 염화수소가 녹은 염산을 발견한 것이지만, 약 3천 년 전에 염화수소를 얻는 방법이나 오늘날 실험실에서 염화수소를 얻는 방법이 같다는 점에서 놀라지 않을 수 없습니다.

14세기에 소금과 황산염을 섞어 가열하여 생기는 기체를 물에 녹여 염산을 만들었다는 기록이 있습니다. 나는 1772년에 처음으로 염화수소 기체를 발견했는데, 이때 물이 아니라 수은을 이용했습니다. 즉, 앞에서 과학자들은 물속에서 실험했기 때문에 염화수소를 얻은 것이 아니라, 염화수소가 물에 녹은 염산을 얻은 것이죠. 그러나 나는 물 대신에 수은을 사용했기 때문에 염화수소만 따로 분리하여 순수한 염화수소 기체를 얻을 수 있었던 것입니다. 그 후, 1818년 영국의 데이비는 염화수소가 염소와 수소로 구성되어 있다는 것을 밝혀냈습니다.

염산은 매우 위험한 물질입니다. 사람 피부에 염산이 닿으면 피부의 세포에 들어 있는 수분과 반응하여 높은 열을 발생시켜 피부를 태우기 때문입니다. 또한 염산은 금속을 녹이는데, 그것은 염산 속의 수소 이온이 금속과 반응하기 때문입

니다. 염산은 몇 개의 금속을 제외한 거의 모든 금속을 다 녹일 정도로 강한 산입니다. 염산 속의 수소 이온이 금속을 녹이면서 수소 이온은 수소 기체가 되어 날아갑니다.

염산은 위에서 분비되는 위산의 주요 성분이기도 합니다. 우리가 먹은 음식물은 식도, 위, 작은창자, 큰창자 등 길고 많은 소화 기관을 거치게 됩니다. 그래서 음식물을 다 소화시키고 흡수하는 데는 꽤 많은 시간이 걸리기 때문에 몸속에서 음식물이 상할 수도 있습니다. 인간의 소화 기관 안에서 음식물의 부패를 막고자 위에서 위산이 나오는 것입니다. 위산은 pH2 정도의 강한 산성을 띤 환경을 만들어 음식물이 들어왔을 때 세균을 죽이고, 음식물이 부패하지 않도록 도와

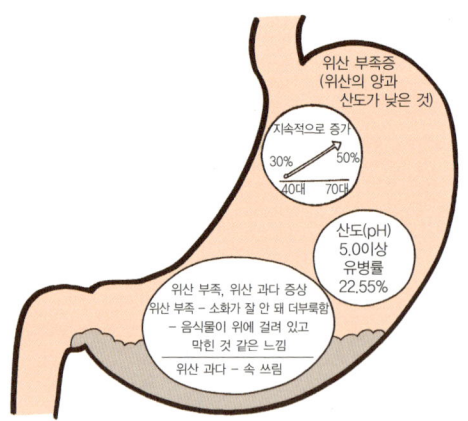

주는 역할을 합니다. 만일 위산이 과다하게 분비되면 위궤양을 일으키고, 부족하면 소화 장애와 빈혈을 일으키는 주원인이 되기도 합니다.

　오늘날 염산은 크고 작은 공정에 매우 중요하게 사용되고 있답니다. 염화비닐이나 폴리염화비닐, 폴리우레탄 등의 유기 화합물 생산과 같은 큰 규모의 공정, 그리고 젤라틴 등의 식재료 제조와 가죽 처리에 매년 막대한 양의 염산이 쓰이고 있습니다.

이산화황

　이산화황은 산소 원자 2개와 황 원자 1개가 결합되어 있습니다. 색깔이 없으며 자극적인 냄새가 나는 유독성 기체로, 산성비의 원인이 되기도 합니다. 물보다 2.263배

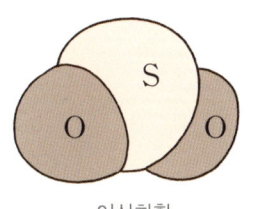

이산화황
분자 모형

무겁고, 20℃에서 물 100g에 10.5g이 녹을 정도로 용해도가 큰 기체입니다.

　지구상에서 발생하는 이산화황의 양은 인위적인 요인에 의

한 발생량과 자연적인 요인에 의한 발생량 비율이 거의 비슷하다고 합니다. 인위적 발생원은 주로 공단 지역의 산업체들로, 유황이 들어 있는 석탄의 연소나 비철광을 제련할 때에 특히 많이 발생되고 있습니다. 자연적 발생원은 유기물의 분해, 화산 폭발 등이 있습니다. 석탄을 연소시켜서 전기를 1kW/h 생산하면 이산화탄소가 약 1kg 방출되고, 이산화황은 0.7g 정도 방출됩니다.

이산화황 자체로는 대기 오염 성분이 아닙니다. 이산화황은 작은 입자(예를 들어 석탄이나 석유의 연소 과정에서 만들어지는 검댕, 산화철 등)에 쉽게 부착하는 특성이 있습니다. 특히 수분이 존재할 경우(예를 들어 습도가 높은 경우, 안개가 심한 환경 조건)에는 입자들의 촉매 작용으로 쉽게 산화된 후 물과 결합하여 황산으로 변해 대기에 돌아다니게 됩니다.

즉, 이산화황은 물 입자와 신속히 결합하여 강한 산성을 띠는 황산을 만듭니다. 이 과정이 지표 근처에서 발생하면 산성 안개가 생성되고, 구름 내부에서 발생하면 산성비가 만들어집니다. 산성 안개와 산성비는 모두 자연 환경에 심각한 피해를 유발할 수 있으며, 오랜 시간에 걸쳐서 인간이 만든 구조물을 부식시킬 수 있답니다. 산성 안개는 호흡을 통해서 쉽게 흡입되기 때문에 인간에게 해롭다고 합니다. 석회석으로 만들어진 건축물과 유적은 산성비나 산성 안개에 특히 약합니다. 산성비나 산성 안개는 석회석을 녹이면서 물과 이산화탄소를 발생시킨답니다.

이산화황이 녹아 있던 산성 안개나 산성비에서 습도가 낮아져 수분이 다시 증발하게 되면 매우 작은 미세 입자들만이 오염 물질로 대기에 남게 됩니다. 이산화황은 가시도에 큰 영향을 주는 에어로졸을 형성함으로써 가시거리를 감소시킵니다. 만약 대기 중에 상대 습도와 이산화황 농도가 함께 증가한다면 대기 중의 안개가 증가하게 되어 가시도가 급격히 감소하게 됩니다. 공기 중에 이산화황이 기준치보다 높으면 눈에 염증이 생기거나 호흡기 질환이 일어납니다. 또한 알레르기를 일으킬 수 있으며, 심하면 사망에 이르기도 합니다.

세계적으로 유명한 대기 오염 물질에 의한 피해 사례를 보면 질소 산화물에 의한 미국의 로스엔젤레스의 경우를 제외하고는 이산화황이 주요 원인 물질이었다고 합니다. 특히, 1952년 12월 5일 런던 상공을 덮은 스모그는 매우 위협적이었으며, 이산화황에 의한 대기 오염의 피해를 가장 잘 나타내는 사례이기도 합니다.

스모그란 smoke(연기)와 fog(안개)의 합성어로서 대기 오염 물질이 기온, 풍향, 풍속 등의 기상 조건과 지리적 조건에

의해 지역적으로 그 농도가 높아져 안개와 반응하여 일어나는 대기 오염 현상을 말합니다.

일반적으로 해가 뜨면 지표면과 지표 부근의 온도가 높아지고, 위로 올라갈수록 온도가 낮아지기 때문에 공기의 대류가 활발해집니다. 해가 지면 지표면이 차갑게 식는데, 해가 뜨기 직전이 지표면이 가장 차가울 때입니다. 즉, 지표면 공기 온도가 위쪽의 공기 온도보다 낮아 기온 역전층이 형성되는데, 이때 공기의 대류가 잘 일어나지 않기 때문에 스모그가 잘 생깁니다.

1952년 12월, 런던에 고기압성의 정체된 공기 덩어리에 의해 생성된 지속적인 기온 역전층이 런던의 지표면 바로 위에 걸려 있었고 바람은 거의 불지 않았으며, 안개로 인하여 습도는 약 90%에 이르렀습니다. 이러한 상태가 5일 동안 지속되어 공기 중에 이산화황 농도는 최고 0.7ppm(한국 24시간 평균치 : 0.14 ppm이하)까지 올라갔습니다. 즉, 기온 역전 현상으로 공기의 대류가 일어나지 않아서 이산화황 등이 흩어지지 않고 한군데에 밀집하여 이산화황의 농도가 높아진 것입니다. 런던에 이러한 스모그가 일주일 동안이나 발생한 결과 평소보다 약 4천 명이나 더 많은 사망자가 발생했고, 입원 환자는 48%, 외래 환자는 108%나 증가했습니다. 또한 입원 환자 중 호흡기 질환 환자의 수가 3배로 증가하는 한편, 급성 호흡기 질환으로 사망한 환자의 수는 약 10배로 늘어났다고 합니다.

방부제와 표백제

이산화황은 또한 직물의 표백제나 식품 방부제 등으로 오늘날 널리 쓰이고 있습니다. 이산화황이 왜 방부제나 표백제로 사용되는지 그 원리를 알아보도록 합시다.

방부제란 음식이나 시체가 썩지 않게 하는 물질을 말합니다. 즉, 음식을 썩게 하는 박테리아와 곰팡이 혹은 효모를 살지 못하게 해서 음식물을 보존하는 것입니다. 방부제는 음식을 영원히 신선하게 보존할 수 있게 하지는 못하지만 나쁜 미생물의 번식을 막아서 음식이 썩는 것을 지연시킬 수 있습니다.

방부제의 기능은 크게 세 가지로 나눌 수 있습니다. 첫 번째는 음식을 썩게 하는 주범인 박테리아, 곰팡이, 효모의 성장을 막는 것입니다. 두 번째는 지방의 산화를 막아서 악취가 발생하지 않게 하는 것입니다. 세 번째는 과일이나 채소에서 자연적으로 숙성을 일으키는 효소 단백질과 싸우는 것

입니다. 예를 들어 사과나 감자를 깎아 놓으면 곧바로 갈색으로 변하는 갈변 현상에 관여하는 효소 단백질에 대하여 비타민 C 또는 시트르산(구연산) 같은 산성 물질로 과육의 산도를 낮추어 주면 이 단백질은 기능을 하지 못합니다. 뷔페 등에서 과일의 색깔이 변하지 않도록 식초를 살짝 발라놓는 이유도 바로 여기에 있습니다.

앞에서 언급한 방부제의 세 가지 기능을 모두 다 갖추고 있는 대표적인 물질로 이산화황을 들 수 있습니다. 이산화황 기체를 과일에 일정 시간 동안 쐬어 주면, 과일의 표면 세포의 파괴를 도와 건조가 잘되게 합니다. 따라서 식품의 보존 과정에서 이산화황 기체를 방부제로 사용하면 갈변 현상, 착색 등의 변화를 억제할 수 있습니다. 최근 웰빙 식품 중 아이들 간식으로도 인기를 끄는 말린 과일 제품에서 이산화황이 다량 검출되었다는 뉴스가 자주 나옵니다. 이는 과일의 방부 처리와 과일의 색을 예쁘게 보이기 위해 이산화황을 많이 사용하고 있다는 것을 보여주는 것입니다.

한편, 표백제의 대표 물질인 이산화황(정확히 아황산염류)은 색깔이 있는 물질을 분해하여 희고 밝게 하는 표백 효과가 있습니다. 건조 과일을 제조할 경우 또는 과일이나 채소를 말릴 때 일어나는 갈변 현상을 억제하거나 포도주의 발효 과정에서 잡균 생성을 방지하기 위해 주로 사용됩니다. 이러한 표백제는 인체 내에서 빠르게 활동성이 낮아지기 때문에 정상인이라면 허용 섭취량을 초과하지 않는 한 큰 문제가 되지 않습니다. 그러나 과다 섭취하면 두통, 복통, 메스꺼움, 기관지염 등의 부작용이 일어날 수 있습니다.

보기 좋게 예쁜 색깔을 띠는 건조 과일이나 건조 채소, 유난히 희면서 갈변이 안 된 껍질 벗긴 도라지, 토란 등은 표백제나 착색제의 과다 사용 가능성이 높습니다. 너무 흰 단무지, 엿, 박하사탕, 오징어채도 가급적 피해야 합니다. 이산화황이 들어 있는 식품 여부를 알기 위해서는 포장지를 확인하면 됩니다. 표백제는 삶거나 데치는 등 가열 조리 시 거의 소멸하기 때문에, 가급적 이러한 표백제가 들어 있는 음식물은 익혀서 먹어야 안전합니다.

대기 오염이 심한 도시에 이끼가 없는 이유는 환경 오염 때문입니다. 그중에서도 이산화황의 영향이 가장 큽니다. 이산화황은 과일의 색을 좋게 하기 위해서 표백제로 사용한다고 했는데, 이 표백 과정에서 일어나는 탈색 작용이 강해서 대기 중에 0.03ppm만 있어도 이끼류의 식물에 공생하는 조류에 함유된 엽록소의 색을 탈색시켜 광합성을 방해합니다. 그래서 이산화황은 이끼와 같은 식물들의 생존에 위협을 주게

됩니다. 이처럼 이산화황에 민감한 이끼의 서식 밀도 등을 조사함으로써 대기 오염의 정도를 파악할 수 있기 때문에 이끼를 대기 오염의 지표 식물로 이용하기도 합니다.

일산화탄소

공기보다 1.25배 정도 무거운 일산화탄소는 독성이 있으며, 냄새와 색깔이 없는 기체입니다. 과거 난방을 위해서 피웠던 연탄가스에서 이 기체가 많이 발생하여 사람

일산화탄소
분자 모형

의 목숨을 앗아가는 일이 종종 발생하면서 이 기체를 '연탄가스' 또는 '죽음의 가스' 라고도 불렀습니다.

일산화탄소는 −205.1℃에서 액체로 변하며, −191.5℃ 이상에서는 기체로 변합니다. 608.9℃ 이상에서는 자연적으로 연소가 일어나며, 이때 파란 불꽃이 생성됩니다. 물에 약간 녹으며, 질소 분자와 물리적 성질이 매우 비슷합니다.

일산화탄소를 고온에서 수증기와 반응시키면 이산화탄소와 수소가 만들어지고, 이때 생성되는 수소는 질소와 반응하

여 암모니아 합성에 사용되기도 합니다.

나무, 석탄, 기름, 알코올 등 탄소를 가지고 있는 물질이 산소와 결합하여 연소하면 새로운 기체를 만듭니다. 산소가 충분해 완전 연소할 경우에는 탄소 원자 하나에 산소 원자 두 개가 결합된 이산화탄소가, 산소가 부족해 불완전 연소할 경우에는 탄소 원자 하나에 산소 원자 하나가 결합돼 일산화탄소가 만들어집니다. 즉, 물질이 연소할 때 산소가 부족하거나 연소 온도가 낮으면 완전 연소가 일어나지 못하여 불완전 연소 생성물인 일산화탄소가 생성되는 것입니다. 그러므로 일산화탄소는 연탄가스나 자동차의 배기가스 중에 많이 포함되어 있으며, 큰 산불이 일어날 때도 주위에 산소가 부족해져 많은 양의 일산화탄소가 발생되기도 하고 담배를 피울 때 담배 연기 속에 함유되어 배출되기도 합니다.

그렇다면, 탄소 원자 1개에 산소 원자 2개가 결합된 이산화탄소는 인체에 무해하지만, 탄소 원자 1개에 산소 원자 1개가 결합한 일산화탄소는 왜 '죽음의 가스'라고 부를 정도로 유해할까요?

인간이 생명을 유지할 수 있는 것은 끊임없이 호흡을 하여 계속적으로 체내에 산소를 공급해 주고, 체내에서 연소하고 생긴 찌꺼기인 이산화탄소를 몸 밖으로 배출하기 때문입니

다. 이렇게 중요한 일을 수행하고 있는 것은 우리들의 피, 정확하게 말해서 헤모글로빈입니다. 혈액 속의 헤모글로빈은 산소와 결합하여 동맥피를 만들어 전신에 공급해 주며, 반면에 이산화탄소와 결합하여 정맥피를 만들어 몸 밖으로 배출해 주는 기능을 가지고 있습니다.

그런데 일산화탄소와 헤모글로빈의 결합은 산소와 헤모글로빈의 결합보다 200배 이상의 친화력을 가지고 있어 만일 우리가 일산화탄소를 흡입하면, 이것이 산소보다 더 강력하게 헤모글로빈과 결합하게 됩니다. 또한 일산화탄소가 헤모글로빈과 한번 결합하면 잘 떨어지지 않습니다. 이 때문에 몸에 산소 공급이 끊어지고, 질식해서 죽을 수밖에 없게 되는 것입니다. 이것이 '일산화탄소 중독' 입니다.

일산화탄소 중독은 적혈구 세포에 일산화탄소가 산소보다 먼저 흡수되어 허파에서 조직으로의 산소 운반을 방해하기 때문에 일어나는 것입니다. 일산화탄소에 중독되면 두통, 무력감, 졸음, 구토, 졸도 등의 증상이 나타나며 심한 경우에는 혼수, 약한 맥박, 호흡 곤란 등의 중독 증상이 나타납니다.

이러한 중독 현상이 심하면, 산소 부족이 오래도록 계속되기 때문에 뇌와 장기 등에 치명적인 상처를 입혀 의식을 잃게 하거나 죽음에까지 이르게 합니다. 이처럼 산소 원자 하나의 차이로 이산화탄소는 해가 없고, 일산화탄소는 사람을 죽게 하는 무서운 독가스가 되는 것입니다.

자연 환경에서 일산화탄소는 화산 분출, 산불, 박테리아의 활동 그리고 그 외의 과정을 통해서 일차 오염 물질로 방출됩니다. 인간 활동보다는 자연 발생적으로 훨씬 더 많은 일산화탄소가 대기 중으로 방출되고 있지만, 토양에 사는 미생물이 이를 효과적으로 소비하고 있어 공기 가운데 일산화탄소의 농도는 매우 낮습니다. 즉, 박테리아 중에서 광합성 미생물(빛 에너지를 이용하여 광합성적으로 생육하는 미생물의 총칭)이 일산화탄소와 물을 이산화탄소와 수소로 전환시키기 때문에 공기 중에 일산화탄소가 급격히 늘지 않고 안정되게 유지될 수 있답니다. 하지만 도시에서는 일산화탄소의 유입량이 제거 비율을 훨씬 초과할 수 있어 위험 농도가 출현하기도 합니다.

국내에서 과거에는 연탄 사용에 따라 난방 연료가 일산화탄소 배출의 주된 원인이었으나, 1990년대에 들어서 연탄에서 석유나 가스보일러로 난방 연료 전환 정책이 시행되고 자동차 대수의 급격한 증가에 따라 자동차에서 배출되는 일산화탄소의 배출량이 전체의 90% 이상을 차지하고 있습니다. 집에서도 부실한 난방 시설의 가동에 수반되어 일산화탄소

농도가 매우 빨리 치사량 수준에 도달할 수 있습니다. 겨울철에 좁은 실내 공간에서 가스보일러를 이용한 순간 온수기를 사용하다가 질식해서 죽는 경우가 뉴스에 자주 나오는데, 그 이유가 바로 밀폐된 실내에서 연소 시 발생하는 일산화탄소의 중독 때문입니다. 순수한 일산화탄소는 냄새가 나지 않기 때문에 밀폐된 공간에서 연소 작용이 일어날 때는 늘 위험이 뒤따릅니다. 그래서 자주 신선한 공기로 환기를 시켜줄 필요가 있습니다. 특히 큰 화재가 발생했을 때, 사망자의 일

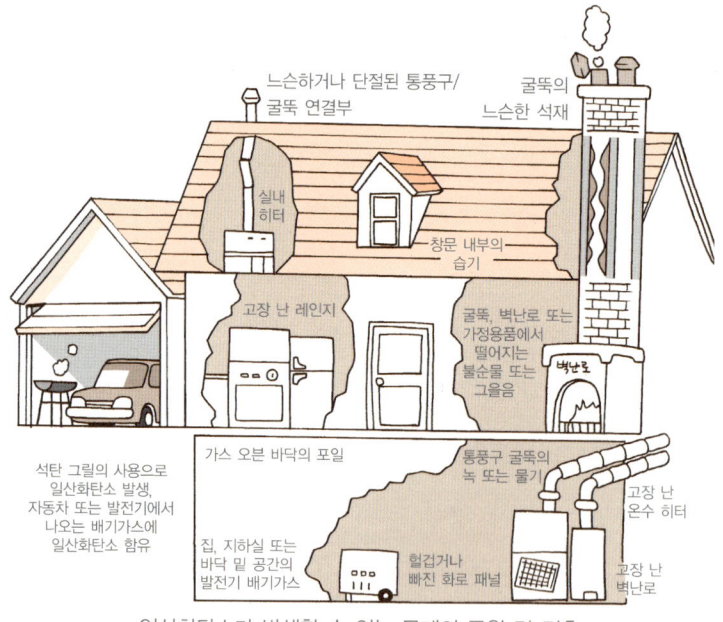

일산화탄소가 발생할 수 있는 문제의 근원 및 징후

차적인 사망 원인은 일산화탄소 흡입인 경우가 가장 많다고 합니다.

담배 연기도 일산화탄소를 부산물로 배출하여 혈류 속에 일산화탄소의 농도를 매우 높게 만듭니다. 담뱃불의 바깥쪽 부분은 산소가 충분하여 이산화탄소가 발생하지만, 산소가 불충분한 담뱃불의 안쪽 부분에서는 일산화탄소가 발생합니다. 실제로 담배 연기 속에는 대기 오염의 900배가 넘는 일산화탄소가 들어 있어요. 담배를 피우는 것이 얼마나 몸에 해로운 것인지 알겠죠?

지금까지 내가 발견한 여러 기체들에 대하여 이야기했는데, 재미있었나요?

— 네!

앞으로 여러분이 살아가면서 주변의 여러 기체들에 대해 끊임없이 탐구하여 나보다 더욱 위대한 발견을 하기 바라며, 이것으로 모든 수업을 마치겠습니다.

만화로 본문 읽기

선생님께서 발견하신 기체에는 또 어떤 것들이 있나요?

내가 개발한 기체를 모으는 장치로 질소, 일산화이질소, 이산화질소, 암모니아, 염화수소, 이산화황, 일산화탄소 등의 기체들을 발견했죠.

질소
이산화탄소
암모니아
이산화황
일산화이질소
이산화질소
염화수소
일산화탄소

나는 일정량의 공기로 숯을 태우는 실험에서 공기 중 약 $\frac{1}{5}$이 이산화탄소로 바뀌고 나머지는 연소와 관련 없는 기체임을 발견했어요. 나머지 기체가 바로 공기 중 약 78%를 차지하는 질소예요.

연소와 관계가 없다면 어떤 용도로 사용되나요?

질소는 상온에서 활성도가 거의 없어 화학 변화를 일으키지 않아요. 이런 특성 때문에 과자 봉지 충전제로 사용되고, 또 −196℃에서 기화하는 성질을 이용하여 냉장고나 에어컨의 냉매로 사용되지요.

공기 중에 78%나 차지하고 있으면 구하기도 쉽겠네요.

질소

질소 원자 1개와 산소 원자 2개로 이루어진 화합물은 이산화질소예요. 이것은 빗물에 녹아 산성비를 내리게 하는 주요 원인이 되기도 합니다. 산업 기술의 발달로 공기 중에 오염 물질인 이산화질소의 양이 증가하면서 나타나는 피해도 많아요.

산성비
이산화질소
스모그

그럼 반대로 질소 원자 2개와 산소 원자 1개가 결합하면 일산화이질소가 되는 것인가요?

네, 이것은 약한 향기와 단맛을 내는데, 인체에 마취 작용을 하기 때문에 주로 수술의 마취제로 사용됩니다.

일산화이질소

그 외 암모니아는 질소 비료를 만들 때 질소를 공급해 주는 중요한 물질이고, 탈수제로 많이 사용되기도 하는 염화수소는 물에 녹으면 염산이 되어 많은 공정에 쓰이고 있죠.

그렇군요.

암모니아
질소 비료
염화수소
염산

산소를 발견한 프리스틀리 Joseph Priestley, 1733~1804

1733년 3월 13일, 영국 잉글랜드 북부의 리즈 근방 마을인 필드헤드에서 태어난 프리스틀리는 과학자이자 신학자, 철학자, 교육자, 정치학자였습니다. 산소 발견자로 유명한 프리스틀리는 스스로를 과학자라기보다 성직자로 생각했고, 성직자의 소명은 하느님을 숭배할 뿐만 아니라 자연의 신비를 밝히는 것이라고 여기고 자연 과학 연구에 많은 기여를 했습니다.

그는 1752년에 데번트리의 신학교에 입학해 결정론과 유물론 등을 공부하고 1755년에 졸업한 후, 신학교의 목사가 되었지만 정통주의 교도들의 반발을 사 직접 학교를 설립하여 학생들을 가르쳤습니다. 주로 라틴 어와 수학, 공기 펌프와 같은 간단한 자연 철학의 실험 기구들을 학생들에게 소개했습니다.

1765년 즈음에 만난 미국의 정치인이자 발명가인 프랭클린(Benjamin Franklin, 1706~1790)은 프리스틀리가 과학에 눈을 뜨게 해 주었고, 과학적 실험과 연구 결과를 같이 논의한 친구였습니다. 프랭클린의 영향을 받아 프리스틀리는 전기 연구에 몰두했고, 1767년에는 《실험으로 알아본 전기의 역사와 현재》를 출간했습니다.

1772년, 우연한 기회에 맥주 공장의 발효 탱크를 관찰하다가 탱크 위의 무거운 공기가 '고정된 공기' 즉, 이산화탄소임을 확인하고 이를 이용해 탄산수를 만드는 방법을 고안해 《고정된 공기를 함유하고 있는 물을 위한 지침》이라는 책을 출간하고, 왕립학회에 〈여러 종류의 공기 관찰〉이라는 논문을 제출했습니다.

1767~1773년에는 일산화질소, 이산화질소, 일산화이질소, 그리고 염화수소를 최초로 발견했습니다. 1774년에는 산소 발견에 이르기까지 그는 일생동안 여러 종류의 기체에 관한 실험과 관찰을 하면서 기체 화학 분야에 큰 기여를 했습니다.

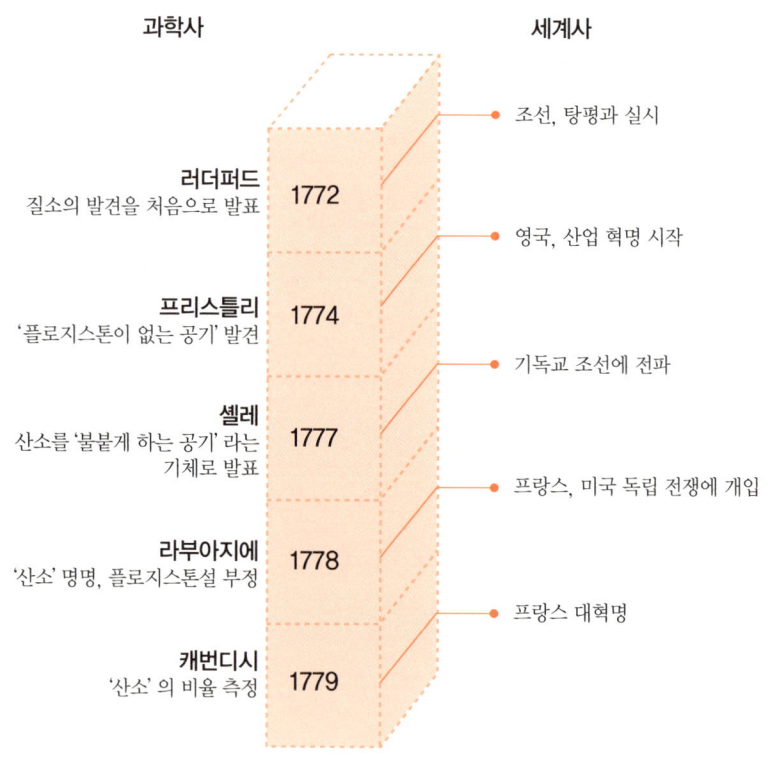

과학사

세계사

조선, 탕평과 실시

러더퍼드
질소의 발견을 처음으로 발표

1772

영국, 산업 혁명 시작

프리스틀리
'플로지스톤이 없는 공기' 발견

1774

기독교 조선에 전파

셸레
산소를 '불붙게 하는 공기' 라는
기체로 발표

1777

프랑스, 미국 독립 전쟁에 개입

라부아지에
'산소' 명명, 플로지스톤설 부정

1778

프랑스 대혁명

캐번디시
'산소' 의 비율 측정

1779

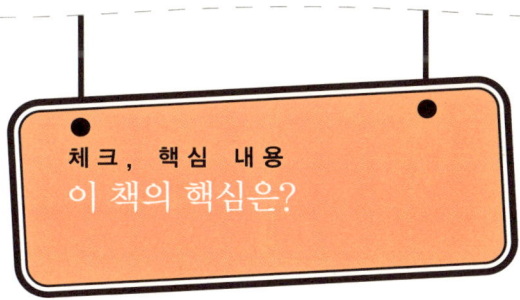

1. 물을 이루고 있는 원소는 □□ 와 □□ 입니다.

2. 물질이 액체, 기체, 고체 등 하나의 상태에서 다른 상태로 변하는 현상을 "물질의 □□ □□"라고 합니다.

3. 연소가 일어난 후 만들어지는 물질은 □□□□□ 와 □ 입니다.

4. 소금이 물에 녹듯이 어떤 물질이 다른 물질에 녹아 들어가는 현상을 □□ 라고 합니다.

5. 기체는 □□ 이 높을수록 용해도가 증가하고, □□ 가 높을수록 용해도가 감소하게 됩니다.

6. 식물이 흡수한 물과 이산화탄소를 가지고 잎의 엽록체에서 빛 에너지를 받아 포도당과 산소를 만드는 것을 □□□ 이라 합니다.

7. 공기 중에서 가장 많은 비율을 차지하고 있는 기체는 □□ 입니다.

1. 수소, 산소 2. 상태 변화 3. 이산화탄소, 물 4. 용해 5. 압력, 온도 6. 광합성 7. 질소

바다의 산소 공급원, 시아노박테리아

시아노박테리아는 빛 에너지를 이용해 산소를 만드는 최초의 호기성 광합성 생물입니다. 35억 년 전에는 산소 없이 살아가는 혐기성 세균만 존재하다가 시아노박테리아가 나타나면서 산소를 생산하기 시작했습니다. 바닷속의 물과 이산화탄소를 가지고 광합성을 해서 산소를 발생시키는 시아노박테리아로 인해 수중에는 점점 산소가 포화 상태에 이르고 대기 중으로 산소가 빠져 나가기 시작했습니다. 대기 중에 산소가 어느 정도 모이자, 자외선이 산소를 변화시켜 오존층을 형성해 지상에서 생물이 안정적으로 살아갈 수 있게 되었습니다.

시아노박테리아는 바닷물의 DNA 분석을 통해 그 존재가 알려졌었지만 그동안 한 번도 직접 관찰되지 않았고, 실험실에서 배양된 적도 없었습니다. 스트로마톨라이트(stromatolite)

라는 화석을 통해 추정할 뿐이었습니다.

그러다가 2008년 11월, 미국 산타크루즈 캘리포니아 대학 연구진이 시아노박테리아의 게놈 지도를 완성했습니다.

시아노박테리아는 크기가 매우 작은 단세포로, 광합성을 위한 식물 색소나 유전자를 갖고 있지 않지만 질소를 고정시켜 산소를 만들어 냅니다. 식물처럼 살아가는 데 필요한 유전자를 갖고 있지 않은 것은 광합성이 발달하기 전 지구 생명 탄생 초기에 생겨난 잔존 유기물이거나 다른 방식을 선택하느라 그 기능을 잃어버렸을 수 있다고 연구진은 추측하고 있습니다.

이를 이용해 2009년 12월에 캘리포니아 주립 대학(UCLA)의 헨리 새뮤얼리 응용과학대학은 시아노박테리아를 유전적으로 교정하여 이산화탄소를 원료로 액체 아이소뷰테인을 만들어 내는 데 성공했습니다. 즉, 시아노박테리아에서 이산화탄소에 작용하는 효소인 'RuBisCo'라는 효소의 양을 늘리고 이산화탄소를 취해 햇빛을 비추어 주면 아이소뷰틸알데하이드 기체가 생성되는 간단한 것이어서 환경 오염 개선이나 대체 연료 생산 연구를 위해서도 주목받고 있습니다.

수학자가 들려주는 수학 이야기 (전 88권)

차용욱 외 지음 | (주)자음과모음

국내 최초 아이들 눈높이에 맞춘 88권짜리 이야기 수학 시리즈!
수학자라는 거인의 어깨 위에서 보다 멀리, 보다 넓게
바라보는 수학의 세계!

수학은 모든 과학의 기본 언어이면서도 수학을 마주하면 어렵다는 생각이 들고 복잡한 공식을 보면 머리까지 지끈지끈 아파온다. 사회적으로 수학의 중요성이 점점 강조되고 있는 시점이지만 수학만을 단독으로, 세부적으로 다룬 시리즈는 그동안 없었다. 그러나 사회에 적용하려면 반드시 깨우쳐야만 하는 수학을 좀 더 재미있고 부담 없이 배울 수 있도록 기획된 도서가 바로 〈수학자가 들려주는 수학 이야기〉 시리즈이다.

★ 무조건적인 공식 암기, 단순한 계산은 이제 가라! ★

- 〈수학자가 들려주는 수학이야기〉는 수학자들이 자신들의 수학 이론과, 그에 대한 역사적인 배경, 재미있는 에피소드 등을 전해 준다.
- 교실 안에서뿐만 아니라 교실 밖에서도, 배우고 체험할 수 있는 생활 속 수학을 발견할 수 있다.
- 책 속에서 위대한 수학자들을 직접 만나면서, 수학자와 수학 이론을 좀 더 가깝고 친근하게 느낄 수 있다.